安“燃”生活

——燃气安全应急科普知识

陈静　王建军　编

应急管理出版社
·北　京·

图书在版编目（CIP）数据

安“燃”生活 ：燃气安全应急科普知识 / 陈静，玉建军编. -- 北京 ：应急管理出版社，2024. -- ISBN 978-7-5237-0161-4

Ⅰ. TU996.9

中国国家版本馆 CIP 数据核字第 202429ZD05 号

安“燃”生活

——燃气安全应急科普知识

编　　者 陈　静　玉建军
责任编辑 王　坤　李　星
封面设计 王丽萍

出版发行 应急管理出版社（北京市朝阳区芍药居 35 号　100029）
电　　话 010－84657898（总编室）　010－84657880（读者服务部）
网　　址 www. cciph. com. cn
印　　刷 三河市中晟雅豪印务有限公司
经　　销 全国新华书店

开　　本 880mm×1230mm 1/32　**印张** 2.5　**字数** 80 千字
版　　次 2024 年 9 月第 1 版　2024 年 9 月第 1 次印刷
社内编号 20231021　**定价** 38.00 元

前言

PREFACE

燃气，这一高效、便捷的绿色能源，以其独特的优势，为人们的生产生活带来了诸多便利。然而，燃气易燃易爆的特性也无形中为我们的生活埋下了安全隐患。近年来，燃气事故频发，给人民的生命财产安全造成了严重威胁，也对社会的和谐稳定带来了不小的冲击。燃气安全问题，已逐渐成为城镇发展进程中不容忽视的重要议题。

深入了解燃气知识，规范使用燃气设施，不仅关乎每个家庭的幸福安宁，更牵涉到众多餐饮企业、学校、医院、福利机构等社会组织的正常运转，甚至与整个社会的经济稳定息息相关。

如何提升全民的燃气安全意识和自我防范能力，让人们在享受燃气带来便利的同时，也能感受到安全与放心呢？答案在于坚持安全为本、生命至上的原则，统筹安全发展观，以民生安全为重中之重。唯有如此，我们才能为人民群众的生命财产安全筑起一道坚实的屏障。

本书系统介绍了燃气安全使用的相关知识，涵盖了燃气基础知识，家庭用气安全，餐馆、食堂用气安全，以及燃气设备维护与保养等多个方面，旨在为读者提供简单、实用的燃气安全应急科普知识，帮助广大人民群众解决在燃气使用过程中可能遇到的各种问题。

燃气安全无小事，从我做起，从现在做起。若本书能为城镇燃气的安全使用及减少事故发生贡献绵薄之力，我们将倍感欣慰。让我们携手共进，共同创造一个安全、舒适、温馨的生产和生活环境。

编者

2024 年 3 月

目录

第一章 燃气基础知识

第一节 燃气的定义与分类 02
第二节 燃气的主要成分和基本性质 04
第三节 燃气供应和应用 08
第四节 燃气的优点和缺点 16
第五节 燃气安全相关法律法规 20

第二章 家庭用气安全

第一节 家庭用气安全知识 26
第二节 家庭燃气事故预防与应急处理 34
第三节 家庭燃气事故案例分析 39

第三章 餐馆、食堂用气安全

第一节 餐馆、食堂燃气使用安全知识 44
第二节 餐馆、食堂燃气安全管理与培训 49
第三节 餐馆、食堂燃气事故预防与应急处理 51
第四节 餐馆、食堂燃气事故案例分析 53

第四章 燃气设备维护与保养

第一节 常见燃气设备 56
第二节 燃气灶具的使用与维护 59
第三节 燃气表与阀门的使用与维护 63
第四节 燃气软管的使用与维护 70
第五节 燃气设备常见故障及排除方法 72

第一章
燃气基础知识

第一节

燃气的定义与分类

水、电、气是现代家庭生活的三种必需品，其中的“气”就是指燃气（主要是天然气和液化石油气）。

燃气给我们的生活带来了诸多便利，日常的烹饪、供暖、烧水等都离不开它。

实际上，燃气并不是一种单一的气体，而是多种可燃气体的总称，它们在常温常压下以气体形式存在，在同时具备火源和氧气的情况下，可以进行可控的燃烧并释放热量，供生产和生活使用。

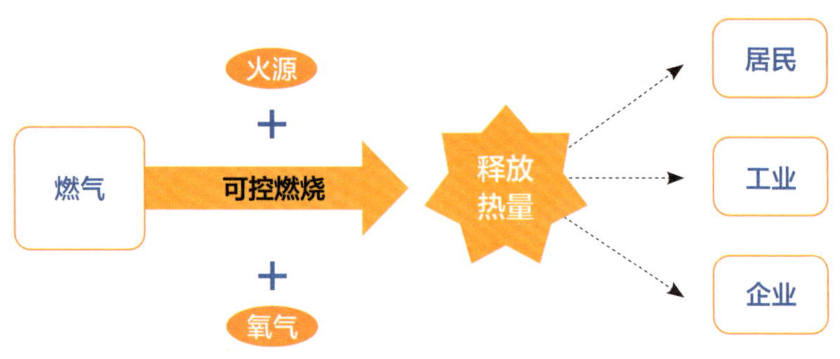

与木材、煤炭、石油等燃料相比，燃气更加环保、节能、安全。

燃气分为很多种，常见的主要有天然气、液化石油气（通常所说的液化气）、人工煤气（通常所说的煤气）、生物质燃气（常见的如沼气）等。

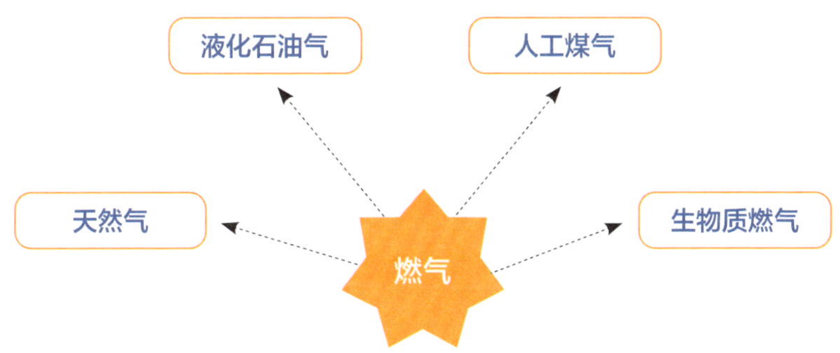

各种可燃气体都可以用作燃料，但并不是所有的燃气都可以用作城镇燃气。

城镇燃气是指由气源点通过城镇或居民区的输配系统供应给各类用户的、公用性质的、符合《城镇燃气设计规范》质量要求的气体燃料。

出于效率、安全、环保等因素考虑，城镇燃气气源应该满足如下要求：第一，热值高。为减少输配系统的损耗，提高供热效率，城镇燃气应该尽量选择热值高的气源。第二，毒性小。为确保用气安全，燃气中一氧化碳等有毒成分的含量必须受到严格控制。第三，杂质少。为确保燃气的安全供应，燃气中的杂质及有害成分应得到有效控制。

热值

热值是指单位质量或体积的某种燃料完全燃烧时所放出的热量，单位为J/kg（焦耳每千克，固体燃料和液体燃料），或J/m^3（焦耳每立方米，气体燃料），它是衡量燃料质量的重要指标。热值分为高热值和低热值，两者的区别在于，前者包含了冷凝热的数量，后者没有。通常所说的热值是指低热值。

第二节

燃气的主要成分和基本性质

相较于发达国家，我国燃气行业起步较晚，自20世纪90年代以来呈快速发展态势，2000年之后，天然气行业更是有了飞速发展。

目前，我国生产和供应的燃气主要有天然气、液化石油气、人工煤气三种。它们相互补充，共同构成了城镇能源结构的新格局。

城镇燃气作为一种清洁能源，在使用中具有高效、环保等特点，但同时也具有易燃易爆等特性。这就要求我们熟悉常见燃气的基本特性，正确、安全地使用燃气。

天然气的主要成分和基本性质

天然气是指动植物遗体通过生物、化学作用和地质作用，在不同地质条件下生成和转移，在一定压力条件下储集，埋藏在不同深度的地层中的可燃气体。按照不同的来源，天然气可以分为气田气、石油伴生气、凝析气田气、矿井气等。由于气源位置不同，天然气的成分也会有所不同，但主要成分都是甲烷（CH_4）。

天然气具有以下性质：

（1）无色、无味、无毒、无腐蚀性。

（2）比空气轻，易挥发，不易聚积，安全性能好。

（3）热值较高，具有高效、清洁等特点。

（4）易燃易爆。最小点火能较小，火焰传播速度快；遇到火种（包括

明火、静电火花等）可能发生爆炸，其爆炸极限为5%~15%。

（5）燃烧产物主要是二氧化碳和水。如果燃烧不完全，天然气产生的火焰呈黄色，并在焰顶有黑烟升起，同时会产生一氧化碳等有毒气体。

（6）天然气燃烧后会产生废气，如果排放不畅，积聚在室内，容易引起窒息或中毒。

（7）天然气如果含有一定量的硫化氢，会具有毒性。根据国家规定，供城市居民使用的天然气，每立方米中硫化氢的含量必须少于20毫克。

液化石油气的主要成分和基本性质

液化石油气是石油开采和炼制过程中的副产品，主要成分是丙烷（C_3H_8）、丁烷（C_4H_{10}）等。液化石油气在常温常压下呈气态，在高压或低温条件下，可变成液态。家庭用的瓶装气就是液化石油气。

液化石油气具有以下性质：

（1）易挥发。液化石油气在常温常压下吸热后立即挥发为气体，汽化后体积能膨胀250~300倍。

（2）气体状态下比空气重。气体状态下液化石油气比空气重1.5~2倍，因此，一旦泄漏到大气中容易积聚在地势低洼处，而不易扩散。

（3）正常燃烧时是浅蓝色的无烟火焰，如果火焰发黄有烟，则没有完全燃烧，燃烧生成的一氧化碳会使人中毒。所以，使用液化石油气时必须注意调节进气量，观察火焰的颜色。

（4）腐蚀性。液化石油气会使橡胶软化，使石油产品溶解。所以，输气管应使用特制的耐油胶管。

（5）易燃易爆。爆炸极限为1.5%~9.5%，极易与空气混合形成较大容量的爆炸气体，遇明火可引发严重的火灾和爆炸事故。

人工煤气的主要成分和基本性质

人工煤气是指以固体或液体可燃物为原料经各种热加工所制得的可燃气体。按照生产方式的不同，人工煤气一般分为干馏煤气、气化煤气（发生炉煤气、水煤气、半水煤气等）和油制气等。

人工煤气是由可燃气体和少量不可燃气体组成的，前者主要成分是烷烃、烯烃、芳烃、一氧化碳和氢气，后者主要成分是二氧化碳和氮气等。

固体燃料干馏煤气在我国的使用历史较长，工艺相对成熟，因此，这类煤气仍在一些城市使用。固体燃料气化煤气由于热值低、毒性大，不宜用作城镇燃气。油制气的生产速度快、投入成本少，启动、停炉很灵活，既可以用作城镇燃气的基本气源，也可以用作调峰气源。

人工煤气具有以下性质：

（1）有毒性。人工煤气种类繁多，成分也很复杂，含有一定的有毒成分，长期接触会对人体健康造成损害。

（2）热值中等。与天然气和液化石油气相比，人工煤气的热值偏低。

（3）易燃易爆。易与空气混合形成爆炸性混合物，爆炸极限为4.8%~50%。

（4）具有污染性。人工煤气在生产、净化过程中排放的废气、烟尘和污水等会造成大气污染、水污染和土壤污染，在储运过程中也可能产生污染。

爆炸极限

爆炸极限是指可燃气体和空气的混合物遇明火而引起爆炸时的可燃气体浓度范围。

爆炸极限有爆炸下限和爆炸上限。爆炸上限是指易燃混合物爆炸时的高浓度。当可燃气体浓度高于爆炸上限时，没有足够的空气，不会着火，更不可能发生爆炸。当可燃气体浓度低于爆炸下限时，过量空气的冷却作用会阻止火焰蔓延，也不会发生爆炸。爆炸极限范围越宽，则发生爆炸的危险性越大。

完全燃烧与不完全燃烧

根据燃烧过程中可燃物质与氧气的反应程度，可以将燃烧分为完全燃烧和不完全燃烧。完全燃烧是指燃料中可燃物质和氧进行了充分的燃烧反应，最大限度释放了化学能，燃烧产物中不存在可燃物质。不完全燃烧是指燃料中的可燃物质未能和氧进行完全反应，能量利用率低，燃烧产物中存在可燃物质。

第三节

燃气供应和应用

燃气的供应

燃气从气源地到用户，需要经历以下七个环节。

制气。制气环节是燃气供应的源头，一般是指油气田、炼制厂、化工厂的生产和开采活动。

输气。一般是指运输环节，主要运输设备有高压长输管道和槽车等。

贮气。一般是指储配站、气化站，主要设备有储罐、气化器、加臭机等。

配气。一般是指城市管网和罐装分配。

调压。调压贯穿多个环节。燃气生产和开采出来后，一般会进行加压处理，用高压方式进行运输，之后再逐级降压，用低压方式入户。

计量。燃气通过管网进入用户后，先连接燃气表进行计量，再连接终端设备。

入户使用。燃气通过低压方式进入居民楼等建筑物，连接燃气灶、热水器等家庭燃气设备。

燃气的应用

目前可以连接燃气管网的家庭燃气设备主要有热水器和燃气灶，具体使用方式如下：

（1）预先将燃气热水器和燃气灶摆放在适合的位置并固定。

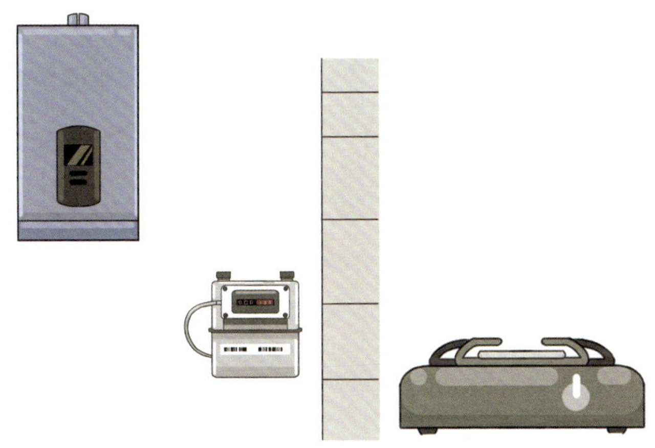

（2）将入户的燃气管道接上燃气表。

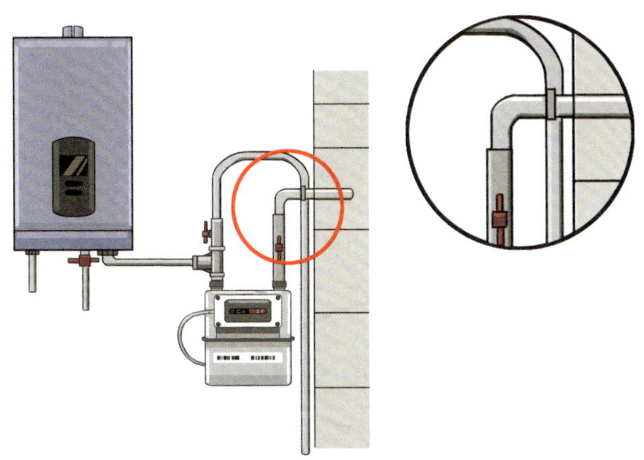

（3）在燃气表的出气管上接专用三通。

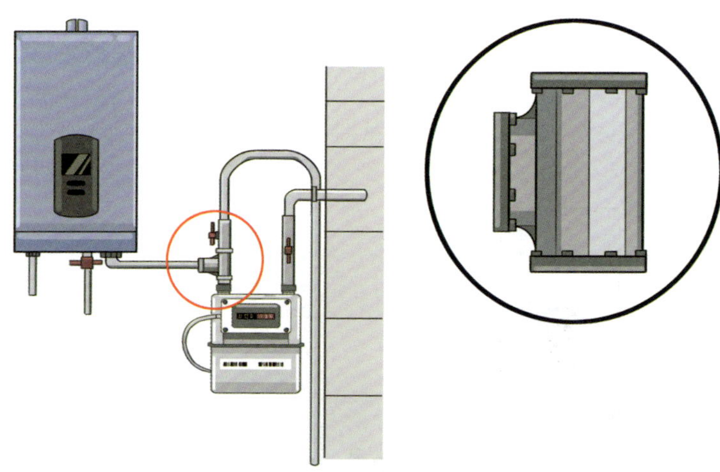

（4）从燃气管专用三通处分别接燃气灶和燃气热水器的输气管。

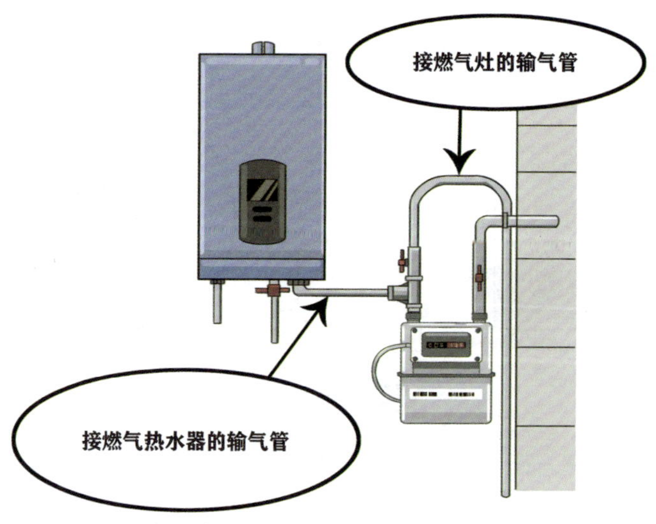

（5）将输气管分别连上燃气热水器和燃气灶的进气口并紧固。

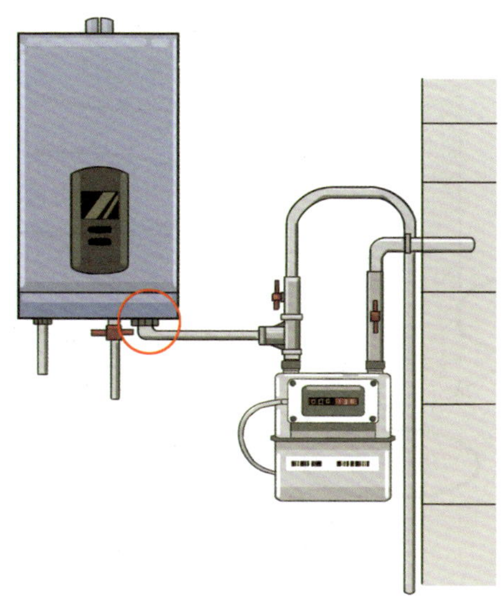

（6）将燃气热水器的冷水管和热水管分别对准安装并紧固。

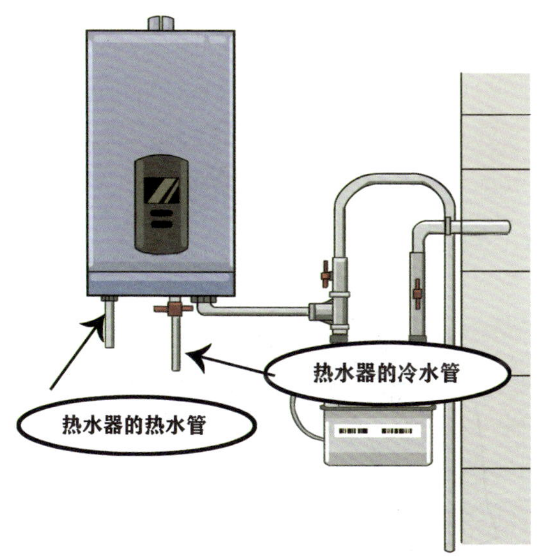

（7）整体效果图。

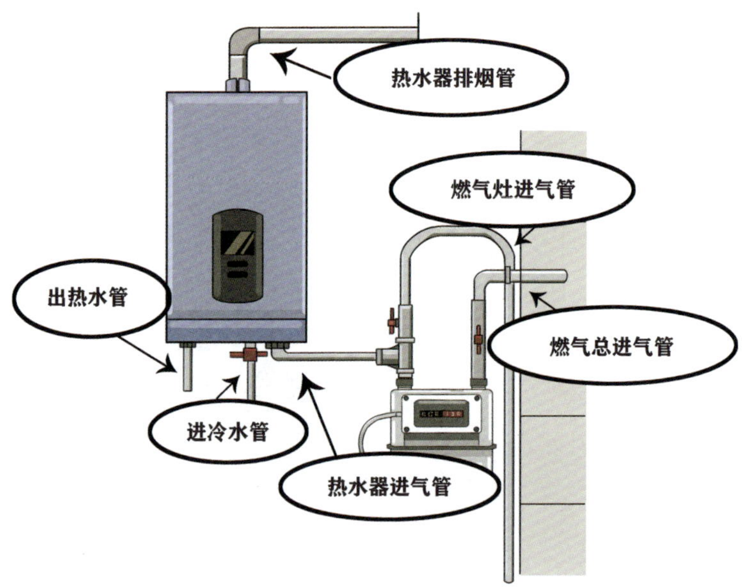

目前可以连接罐装燃气的终端主要是燃气灶，具体使用方法如下：

（1）将减压阀装在液化气钢瓶的接口处，并将减压阀上的螺帽拧紧。

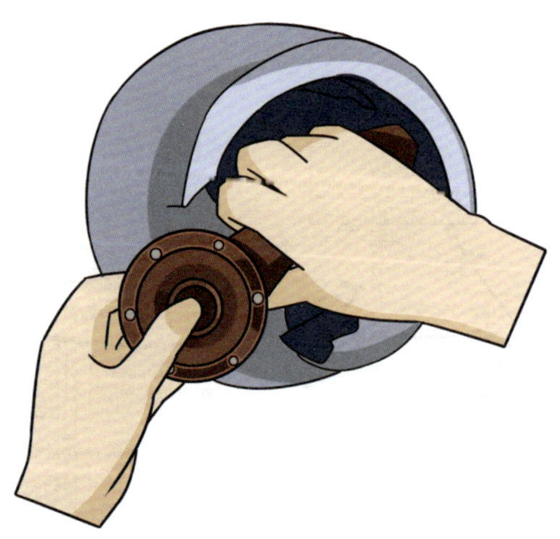

（2）用燃气管连接液化气钢瓶和燃气灶。首先将燃气管一端接在减压阀上，把固定卡子装在燃气管接头处，并固定。然后将燃气管另一头接在出气阀门上，用固定卡子固定。

（3）煤气接头安装好后，将煤气罐处的阀门拧开，用肥皂水检查是否存在煤气泄漏的情况。

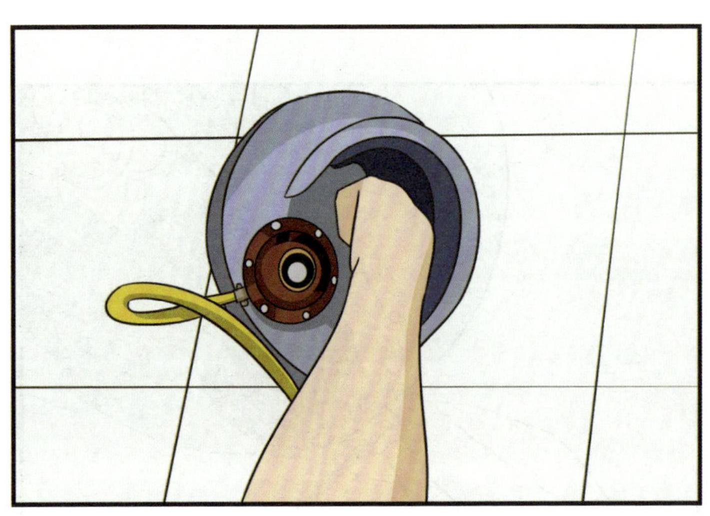

管网燃气的室内连接与使用方法：

罐装燃气的室内连接与使用方法：

减压阀接煤气罐接口处 → 用燃气管连接减压阀和煤气灶 → 拧开阀门，检查是否漏气

燃气的加臭处理

城镇燃气是具有一定毒性的爆炸性气体，又是在压力下输送和使用的。如果管道和设备的材质不达标、施工不规范或操作不当等，极易造成燃气泄漏，引起中毒、着火，甚至是爆炸。

因此，为了使人们在燃气泄漏时有所警觉，需要对燃气进行加臭处理。

第四节 燃气的优点和缺点

主要燃气性能比较					
燃气种类	热值	毒性	气味	易燃易爆性	便捷性
天然气	中	无	无（一般经过加臭处理，有特殊气味）	高	高（管网）
液化石油气	高	有	臭味	高	低（罐装）
人工煤气	低	有	臭味	极高	高（管网）

天然气的优点

（1）安全。天然气燃烧后一般不会产生有毒气体，除非燃烧不充分。尤其是天然气本身不含一氧化碳，较为安全。

（2）环保。相较于煤炭、石油等传统燃料而言，天然气的二氧化碳排放量更少，同时，天然气燃烧产生的污染物也比其他化石燃料少，能够减少大气污染。

（3）便捷。燃气供应设备大多采用自动化设计，使用者只需通过开关即可实现燃气供应控制，操作简单。计量和监测也较为简便。

（4）经济。相较于煤炭、石油等传统燃料来说，天然气的成本较低，可以降低用户的能源开支。另外，随着燃气管网建设的不断普及和完善，单位体积燃气的使用成本会继续下降。

天然气的缺点

（1）前期投入大。天然气的使用需要依赖供应设备，如输送管道等，而输送管道的设计、建造、敷设成本比较高，需要投入大量资金。

（2）容易发生爆炸。天然气在存储、输送和使用过程中一旦出现泄漏，很容易发生火灾、爆炸等严重事故，会危害人们的生命和财产安全。

（3）对环境有影响。虽然天然气燃烧时产生的废气比传统燃料少，但它所产生的废气中仍包含一定的温室气体，对环境仍然有一定的负面影响。另外，天然气的开采和运输过程也会对生态环境产生一定影响。如开采天然气需要进行钻井和爆破作业，可能会对地下水资源造成污染。

总之，天然气作为一种优质能源，具有其独特的优势，但同时也需要注意其潜在危险，加强相关法律法规的制定和监管，以确保使用安全和环境保护。

液化石油气的优点

（1）高热值。液化石油气的热值远高于天然气和人工煤气，燃烧效率高。

（2）环保清洁。燃烧后产生的污染物较少，如二氧化碳等废气，比其他燃料如传统石油化石燃料少，有助于减少环境污染。

（3）易储运。液化石油气在常温常压下是气体，当压力升高或温度降低时，可以从气态转变为液态，便于陆上和水上的长距离运输。

（4）压力稳定。使用液化石油气的管道用户灶前压力保持不变，能够提供稳定的气源。

（5）用途广泛。液化石油气不仅用作工业、商业和民用燃料，还广泛用于生产各类化工产品。

液化石油气的缺点

（1）存在安全隐患。液化石油气易燃易爆，存在较大的安全风险。一旦发生泄漏，可能引发火灾或爆炸事故。

（2）泄漏难以察觉。气体泄漏后往往不易被及时察觉，这增加了潜在的危险性。

（3）储存和运输难度大。液化石油气需要特殊的储存和运输设备，增加了其物流的复杂性和成本。

（4）成本高。与其他能源相比，液化石油气的价格相对较高，增加了使用成本。

（5）对环境有影响。虽然液化石油气燃烧相对清洁，但在生产和运输过程中仍可能对环境产生一定影响。

人工煤气的优点

（1）可调控性好。人工煤气的成分和性能可以通过添加丙烯和其他催化剂进行调整，以满足不同的使用要求。此外，人工煤气的燃烧过程相对容易控制，适用于各种燃气设备。

（2）能够减少有害气体排放。与自然煤气相比，人工煤气在燃烧过程中产生的有害气体较少。这有助于减少空气污染和温室气体排放，对环境保护起到积极作用。

（3）应用领域广泛。人工煤气在工业、民用等领域都有广泛的应用，可以作为燃料、热源以及合成原料等。

（4）成本较低。虽然人工煤气的生产过程可能耗能较多，但从整体成本来看，由于高热值和广泛的应用领域，使其在使用过程中的成本相对较低。

人工煤气的缺点

（1）环境污染。人工煤气在制气过程中会产生污染。这是由于其原料煤或重油在转化过程中会释放有害气体和烟尘，对环境造成负面影响。

（2）存在安全隐患。人工煤气中含有一氧化碳等气体，如果泄漏到空气中或燃烧不完全，容易产生毒害，严重时甚至会造成人员死亡。此外，人工煤气的输送压力较低，增加了泄漏和爆炸的风险。

（3）能耗与投资高。制取人工煤气需要耗费大量的化石燃料，如煤或重油，这不仅加剧了能源资源的消耗，而且制气厂的建设也需要大量的初期投资。

（4）管道建设成本高。由于人工煤气的输送压力较低，为了满足输送需求，往往需要使用管径较大的管道，这无疑增加了管道建设的投资成本。

（5）能效比较低。与天然气相比，人工煤气在使用中的能效比较低。

（6）设备要求高。人工煤气中的杂质和腐蚀性成分可能对燃气设备和管道造成损害，因此需要更高标准的设备材料和维护要求。

第五节

燃气安全相关法律法规

围绕燃气的安全使用，我国已经形成了较为完善的法律法规体系。除了常见的法律法规，还有一系列设计和技术规范。这些规范并非普通居民应知应会的内容，但与我们的生活息息相关。

现将相关法律法规体系整理如下：

燃气安全相关法规

- 法律
  - 《中华人民共和国刑法》
  - 《中华人民共和国安全生产法》
  - 《中华人民共和国消防法》
  - 《中华人民共和国石油天然气管道保护法》
  - 《中华人民共和国突发事件应对法》
- 法规
  - 《城镇燃气管理条例》
  - 《危险化学品安全管理条例》
  - 地方性法规，如《北京市燃气管理条例》《河北省燃气管理办法》等
- 规章
  - 《突发事件应急预案管理办法》
  - 《生产安全事故应急预案管理办法》
  - 《高层民用建筑消防安全管理规定》
  - 《机关、团体、企业、事业单位消防安全管理规定》
  - 《消防监督检查规定》
  - 《公共娱乐场所消防安全管理规定》
- 规范
  - 《燃气工程项目规范》
  - 《城镇燃气设计规范》
  - 《城镇燃气技术规范》
  - 《城镇燃气输配工程施工及验收规范》
  - 《城镇燃气室内工程施工与质量验收规范》

《中华人民共和国刑法》

第一百一十八条 破坏电力、燃气或者其他易燃易爆设备，危害公共安全，尚未造成严重后果的，处三年以上十年以下有期徒刑。

第一百一十九条 破坏交通工具、交通设施、电力设备、燃气设备、易燃易爆设备，造成严重后果的，处十年以上有期徒刑、无期徒刑或者死刑。

过失犯前款罪的，处三年以上七年以下有期徒刑；情节较轻的，处三年以下有期徒刑或者拘役。

《中华人民共和国安全生产法》

第三十六条 餐饮等行业的生产经营单位使用燃气的，应当安装可燃气体报警装置，并保障其正常使用。

《中华人民共和国消防法》

第二十七条 电器产品、燃气用具的产品标准，应当符合消防安全的要求。

电器产品、燃气用具的安装、使用及其线路、管路的设计、敷设、维护保养、检测，必须符合消防技术标准和管理规定。

第六十六条 电器产品、燃气用具的安装、使用及其线路、管路的设计、敷设、维护保养、检测不符合消防技术标准和管理规定的，责令限期改正；逾期不改正的，责令停止使用，可以并处一千元以上五千元以下罚款。

《中华人民共和国石油天然气管道保护法》

第二十八条 禁止下列危害管道安全的行为：

（一）擅自开启、关闭管道阀门；

（二）采用移动、切割、打孔、砸撬、拆卸等手段损坏管道；

（三）移动、毁损、涂改管道标志；

（四）在埋地管道上方巡查便道上行驶重型车辆；

（五）在地面管道线路、架空管道线路和管桥上行走或者放置重物。

《中华人民共和国突发事件应对法》

第三十六条 矿山、金属冶炼、建筑施工单位和易燃易爆物品、危险化学品、放射性物品等危险物品的生产、经营、运输、储存、使用单位，应当制定具体应急预案，配备必要的应急救援器材、设备和物资，并对生产经营场所、有危险物品的建筑物、构筑物及周边环境开展隐患排查，及时采取措施管控风险和消除隐患，防止发生突发事件。

第九十六条 有关单位有下列情形之一，由所在地履行统一领导职责的人民政府有关部门责令停产停业，暂扣或者吊销许可证件，并处五万元以上二十万元以下的罚款；情节特别严重的，并处二十万元以上一百万元以下的罚款：

（一）未按照规定采取预防措施，导致发生较大以上突发事件的；

（二）未及时消除已发现的可能引发突发事件的隐患，导致发生较大以上突发事件的；

（三）未做好应急物资储备和应急设备、设施日常维护、检测工作，导致发生较大以上突发事件或者突发事件危害扩大的；

（四）突发事件发生后，不及时组织开展应急救援工作，造成严重后果的。

其他法律对前款行为规定了处罚的，依照较重的规定处罚。

《城镇燃气管理条例》

第二十八条 燃气用户及相关单位和个人不得有下列行为：

（一）擅自操作公用燃气阀门；

（二）将燃气管道作为负重支架或者接地引线；

（三）安装、使用不符合气源要求的燃气燃烧器具；

（四）擅自安装、改装、拆除户内燃气设施和燃气计量装置；

（五）在不具备安全条件的场所使用、储存燃气；

（六）盗用燃气；

（七）改变燃气用途或者转供燃气。

第三十三条 县级以上地方人民政府燃气管理部门应当会同城乡规划等有关部门按照国家有关标准和规定划定燃气设施保护范围，并向社会公布。

在燃气设施保护范围内，禁止从事下列危及燃气设施安全的活动：

（一）建设占压地下燃气管线的建筑物、构筑物或者其他设施；

（二）进行爆破、取土等作业或者动用明火；

（三）倾倒、排放腐蚀性物质；

（四）放置易燃易爆危险物品或者种植深根植物；

（五）其他危及燃气设施安全的活动。

第四十条 任何单位和个人发现燃气安全事故或者燃气安全事故隐患等情况，应当立即告知燃气经营者，或者向燃气管理部门、公安机关消防机构等有关部门和单位报告。

第五十一条 违反本条例规定，侵占、毁损、擅自拆除、移动燃气设施或者擅自改动市政燃气设施的，由燃气管理部门责令限期改正，恢复原状或者采取其他补救措施，对单位处5万元以上10万元以下罚款，对个人处5000元以上5万元以下罚款；造成损失的，依法承担赔偿责任；构成犯罪的，依法追究刑事责任。

违反本条例规定，毁损、覆盖、涂改、擅自拆除或者移动燃气设施安全警示标志的，由燃气管理部门责令限期改正，恢复原状，可以处5000元以下罚款。

第二章
家庭用气安全

第一节

家庭用气安全知识

燃气使用的普及，给广大用户带来了极大便利，但燃气具有易燃、易爆、无色、无味等特性，一旦使用不当，极易引发安全事故。近年来发生的燃气事故，大部分因燃气泄漏引起，所以做好燃气泄漏检查对于家庭用气安全至关重要！

如何进行燃气泄漏检查？

◆ 闻气味

燃气中添加了臭味剂，闻起来有点儿像臭鸡蛋的味道，可以通过闻味来辨别是否发生燃气泄漏。

◆ 看气表

关闭家里的燃气灶具，在完全不用气的情况下检查燃气表，如果燃气表的末位红框内的数字走动，则可能存在燃气泄漏。

◆ 涂肥皂水

将肥皂水或洗涤剂溶解水涂抹在软管和用气设备的连接处，如果出现小气泡，并且气泡不断增多，甚至变大，则表明燃气泄漏。

如何预防燃气泄漏?

◆ 听警报器

安装燃气泄漏报警器。当发生燃气泄漏，气体浓度高于临界点时，报警器就会发出报警信号。安装燃气泄漏报警器是发现燃气泄漏最有效的手段。

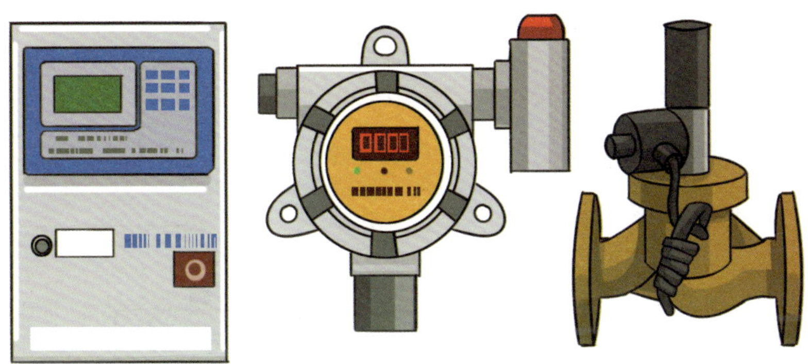

◆ 使用带有熄火保护功能的燃气灶

使用带有熄火保护功能的燃气灶，可以在火焰意外熄灭后，自动切断气源，有效防止燃气泄漏。

> 据统计，目前全国因燃气灶具意外熄火造成的燃气事故约占室内燃气事故的30%。

◆ 使用符合国家标准的燃气热水器

用户在购买燃气热水器时要选择正规厂家生产、正规渠道销售的合格产品。应使用强排式或平衡式燃气热水器，不得使用直排式热水器。燃气热水器应安装有专用烟道，以确保将燃烧产生的废气排到室外，避免发生室内窒息或中毒。此外，超过使用期限的燃气热水器应尽快更换，避免因内部结构老化、松动，造成漏气。

◆ **保持通风、排烟顺畅**

燃具应安装在通风良好，有给排气条件的厨房或非居住房间内。燃具和用气设备应有专用烟道，通风不畅时如果发生燃气泄漏，气体聚积易造成燃气事故。

◆ **不擅自安装、改装、拆除燃气设施和燃气计量装置**

燃气设备设施安装不规范，容易造成燃气设施损坏、泄气漏气等安全

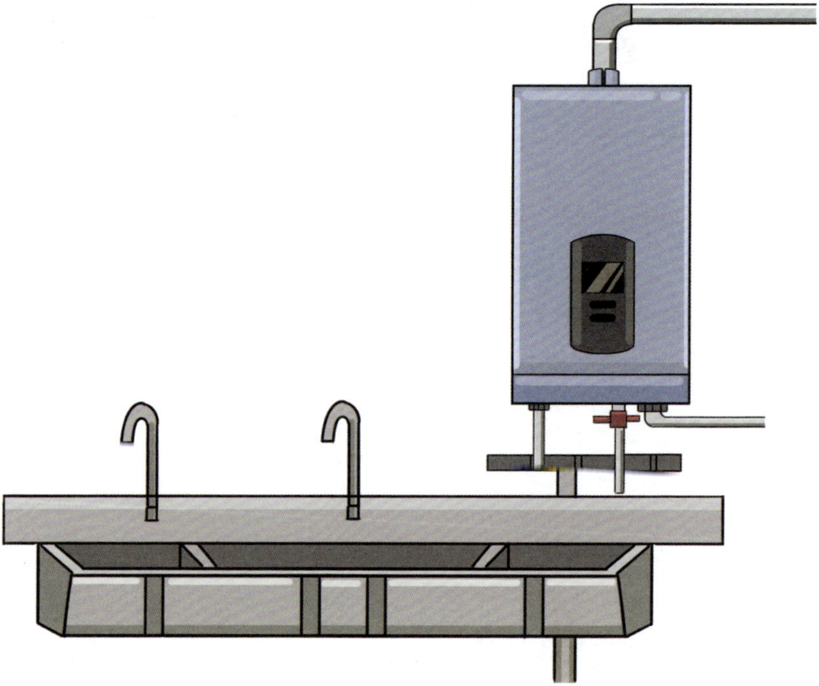

隐患，影响用户安全，甚至酿成火灾、爆炸等事故，危害公共安全。如需安装、改装燃气设施，应由具备相关资质的燃气安装、维修企业负责施工。移动燃气计量装置，应提前联系燃气公司专业人员。

◆ 不使用非专用燃气连接管

专用燃气软管有橡胶复合软管和金属软管，建议选择金属软管。不得使用非专用燃气连接管。

燃气管道及燃气连接管应有管卡固定。

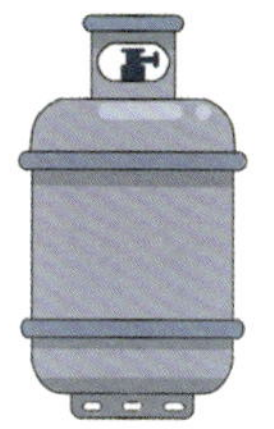

只能使用一种气源，使用管道燃气的用户，不能同时使用瓶装燃气。

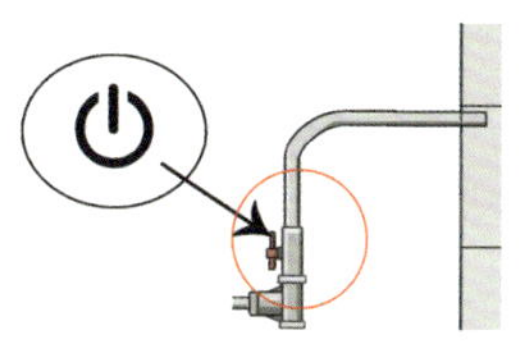

燃气阀门上应该有启闭标识。

燃气泄漏的原因有哪些?

（1）燃气管道锈蚀，可能会导致燃气泄漏，从而引发爆炸、火灾等事故。

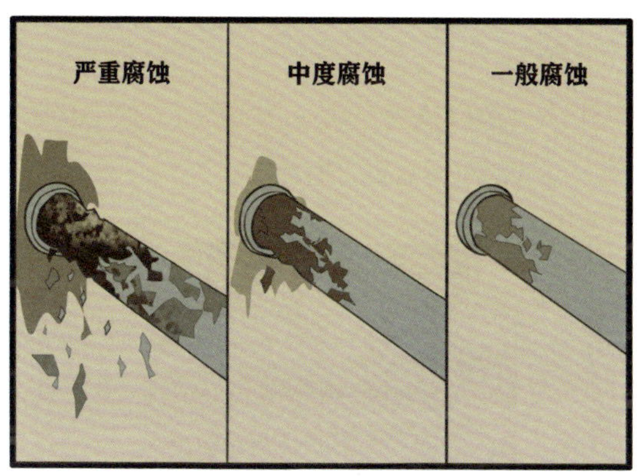

（2）超期使用燃气表，内部构件老化或外力破坏，容易引起燃气表表体或接头损坏，导致燃气泄漏。

（3）灶火意外熄灭。灶具无熄火保护装置，一旦遇到灶火被风吹灭，被汤汁浇灭或点火不成功等意外熄火情况，燃气会持续冒出，造成泄漏。

（4）使用了非专用燃气软管，或者燃气软管发生老化破损，接口处松动脱落，均会造成燃气泄漏，需要定期检查。

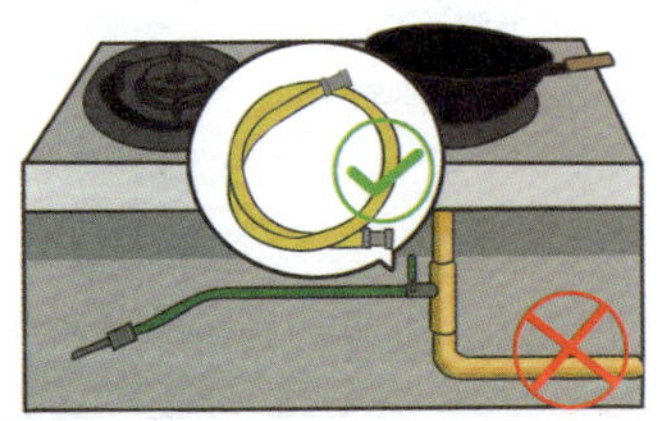

发现燃气泄漏，应该如何处理?

（1）发现燃气泄漏时要迅速关闭气源，应轻轻打开门窗通风。

（2）不触动抽油烟机、排气扇、电灯、电视等任何电器开关，不开灯或使用打火机等明火进行燃气泄漏检查。

2022年1月，武汉市某区一居民家中液化气钢瓶泄漏，住户发现燃气泄漏后处置不当，直接开灯查看，引起燃气爆炸。

（3）不要在燃气泄漏现场拨打、接听电话。

（4）不要现场穿脱衣服。

（5）要迅速远离危险位置，以防窒息、中毒，在户外安全区联系燃气公司，或拨打119电话报警求助。

（6）发现邻居家燃气泄漏应敲门通知，切勿使用门铃，防止电火花引起燃气爆炸。

常见的两类燃气灶及使用注意事项

市面上常见的燃气灶，主要有嵌入式和台式两种。

嵌入式燃气灶是将燃气灶嵌入橱柜内，灶台与橱柜处于同一水平面。嵌入式燃气灶既节约空间也更加简洁美观，但是底部输气管、灶前阀门等设施通常内嵌在橱柜中，存在安全隐患且难以察觉。所以，放置嵌入式燃气灶的橱柜内严禁堆放大量物品，尤其不能遮挡灶前阀门。嵌入式燃气灶连接燃气管道应采用金属软管连接，以防止软管松动、脱落而引发事故。橱柜内应留有通风口，以保证橱柜内部空气流通，避免因供氧不足导致燃气燃烧不充分而产生一氧化碳等有害气体。

台式燃气灶底部有4个炉脚，可直接放置在灶台上。台式燃气灶虽然可以随意移动，热效率也比嵌入式燃气灶要高，但是暴露在灶台上容易沾满油污，需要及时清洁。清洁台式燃气灶时，不可用力将台式燃气灶整个托起，避免连接软管接头松动而导致燃气泄漏。

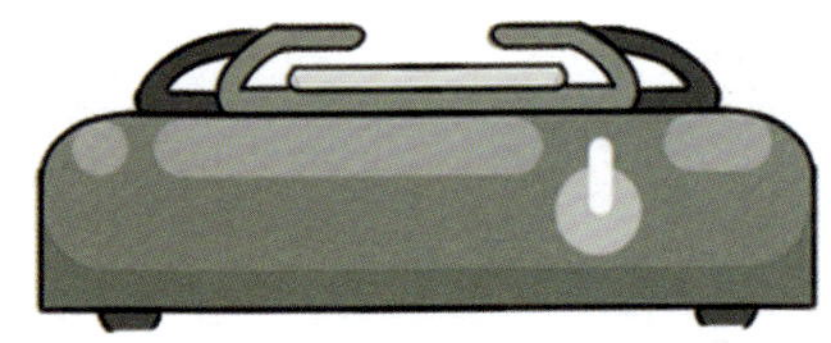

◆ 保持空气流通

燃气完全燃烧时，需要消耗大量空气，应保持厨房、燃气灶周围良好的通风状态。

◆ 远离易燃物

燃气灶周围不要放置油瓶、酒瓶、塑料薄膜等厨房易燃物，以及空气清新剂、杀虫剂等罐装压力容器。

◆ 采取防火隔热措施

燃气灶与墙面的净距不应小于10厘米。当墙面为可燃或难燃材料时，应加装防火隔热板。燃气灶的灶面边缘距木质家具的净距不应小于20厘米，当达不到时，应加装防火隔热板。

◆ 确保阀门关闭

燃气灶使用完毕后，临睡前或外出时应检查确保燃气灶阀门关闭到位，长时间外出时还要检查表前阀门是否关闭。一旦发现火力不稳定，打不着火，应联系专业人员指导帮助，切勿擅自修理。

◆ 选购具有防干烧功能和带有熄火保护装置的燃气灶

无论何时，用火不离人，防止因沸汤溢出引起灶具熄火，从而引发燃气泄漏。独居和健忘的老年人家中可选购带有防干烧功能的燃气灶，一旦超过了干烧保护温度点，燃气灶会自动关气熄火，从而避免火灾等危险情况的发生。

安全使用燃气的十个禁止

（1）禁止在厨房使用多种气源。使用管道燃气的用户，不准同时使用瓶装液化石油气。

（2）禁止在厨房内堆放易燃易爆物品，谨防火灾和爆炸事故发生。

（3）禁止在燃气设施上拴绑绳索、电线或吊挂物品。

（4）禁止燃气用户擅自增、改、迁、装燃气设施和燃气计量器具。

（5）禁止占压、覆盖燃气管道设施。

（6）禁止将设有燃气管道、燃气器具的房间改成卧室、客厅和卫生间。

（7）禁止将燃气管道、阀门、燃气器具等燃气设施密封或暗设安装。

（8）禁止擅自移动、覆盖、涂改、毁坏、拆除燃气设施安全警示标志。

（9）禁止非法使用燃气设施和盗用、转供燃气。

（10）禁止擅自开启或关闭燃气管道公共阀门，破坏燃气设施。

第二节

家庭燃气事故预防与应急处理

家庭燃气的事故类型

根据事故原因，可将常见的户内燃气事故分为以下四类。

◆ 燃气泄漏达到一定浓度后遇到火源发生爆炸

2021年6月13日6时42分许，湖北省十堰市张湾区艳湖社区集贸市场因天然气中压钢管严重锈蚀破裂造成燃气泄漏，发生重大燃气爆炸事故，造成26人死亡、138人受伤，其中重伤37人，直接经济损失约5395.41万元。

2022年1月7日2时10分许，重庆市武隆区凤山街道办食堂疑似燃气泄漏发生爆炸，导致房屋垮塌，造成16人死亡、10人受伤。

2022年6月21日9时30分许，山东省泰安市绿地公馆一商业门面房因液化气罐泄漏引发爆炸事故，造成13人受伤，其中3人经抢救无效死亡。

◆ **在密闭空间使用燃气灶具时，因为燃烧不充分会产生一氧化碳，造成一氧化碳中毒**

2011年12月，大连市沙河口区苏州北巷某居民家中因燃气灶具未关严，造成室内居民5人急性一氧化碳中毒死亡。

◆ **燃气泄漏后，室内燃气浓度过高，造成窒息**

2021年10月18日，河北邯郸华润燃气有限公司维修人员在郝庄巷40号院管道井内进行阀门更换作业时，发生天然气泄漏，造成3人窒息死亡。

◆ **在使用燃气过程中长时间干烧，引发火灾**

2011年2月3日，辽宁省沈阳市铁西区发生一起4名租房人员窒息死亡事故。经公安部门认定，此事故原因为该用户在长时间使用燃气加工熟食时无人看管，烧干锅，且未开窗通风，室内严重缺氧，导致4人窒息死亡。

家庭燃气事故预防

（1）购买家用燃气具时，需查看商家是否证照齐全，尽量选择在大型商场、专卖店等正规场所进行购买。应选择正规厂家生产的符合国家安全技术标准要求的燃气具，切忌贪图便宜购买劣质产品甚至“三无”产品。

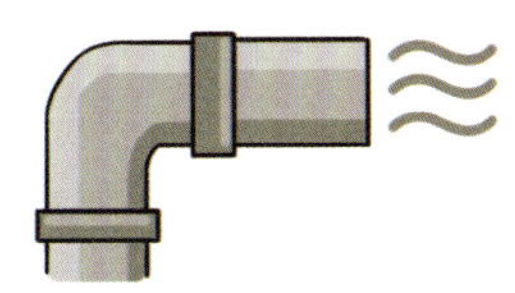

（2）根据《家用燃气燃烧器具安全管理规则》第7.3.1条规定，燃具从售出当日起，燃气灶具的判废年限为8年，使用液化石油气和天然气的快速热水器、容积式热水器和采暖热水炉的判废年限为8年，使用人工煤气的快

速热水器、容积式热水器和采暖热水炉的判废年限为6年。

（3）根据《家用燃气燃烧器具安全管理规则》第7.3.2条规定，燃气热水器等燃具，检修后仍然发生如下故障之一时，即使没有达到判废年限，也应予以判废：①燃烧工况严重恶化，检修后烟气中一氧化碳含量仍达不到相关标准规定；②燃烧室、热交换器严重烧损或火焰外溢；③检修后仍漏水、漏气或绝缘击穿漏电。

（4）灶具上的油污容易着火，要经常进行清理。

（5）电源、燃气管道应与电源插座、开关等保持一定的距离，严禁将电线缠绕在燃气管道上，避免产生电火花，引发事故。

（6）切勿使用直排式燃气热水器。直排式热水器燃烧的废气直接排放到室内，极易造成一氧化碳中毒，国家已经在2000年明令禁止使用直排式热水器。

（7）不擅自改动、改装燃气管线、灶具等设施。

2019年，宜宾市某用户私接燃气管道，违规安装燃气热水器，引发安全事故，造成3人死亡。

（8）不在燃气设施上捆绑悬挂物品，燃气设施包括燃气表、热水器等燃气设施及附属管道。

（9）使用燃气的房间应保持通风，做饭时要有人照看，避免汤水沸溢造成火灭漏气。同时避免儿童接近燃气灶具。

（10）应经常检查厨房燃气胶管是否有老化松脱现象，发现异常要及时联系专业人员维修更换。

（11）经常用肥皂水或洗涤剂溶解水检查燃气胶管连接处和燃气灶开关，若有漏气会有气泡。

（12）建议安装燃气泄漏自动报警和自动切断装置，及时发现和处置燃气泄漏事故。

（13）使用燃气时，应做到人离火熄阀关闭。临睡前、外出前应检查确认燃气管道、液化气罐和灶具阀门已经关闭。

（14）不准在地下室使用瓶装液化气，地下室空气不流通，使用瓶装液化气存在安全隐患。

2015年，青岛某酒店员工在地下室厨房使用液化气做早餐引发爆炸，造成3人死亡、17人受伤。

（15）不能将装有燃气设施的场所改为卧室、浴室等。

（16）家庭应自备小型灭火器，以应对初期火灾。

家中燃气着火应急处理

如果家中发生燃气着火事故，务必保持冷静，迅速采取正确的应对措施，切勿惊慌失措。

（1）断气灭火。迅速关闭入户总阀门，切断气源。

（2）使用灭火器。如果备有灭火器，可以使用家庭灭火器材喷射火的根部。火灭后，迅速关闭入户总阀门，并立即通知燃气公司。

（3）湿毛巾扑压。如果火势较小，且没有灭火器，可使用浸湿的毛巾、被褥、衣物等盖住气瓶或管道起火点，隔绝空气，以防火势蔓延扩大，然后迅速关闭燃气阀门，切断气源。

（4）撤离并报警。如果火势过大无法及时扑救，应迅速撤离到安全地带，并拨打火警电话报警。

第三节 家庭燃气事故案例分析

案例1

◆ 事故背景

2013年1月的一天上午10时左右，某小区的3号楼4层发生爆炸事故，爆炸产生的冲击波造成室内墙体倒塌，楼板凹陷，各类家具用品均烧毁，楼内多户居民室内窗户遭到不同程度的损坏，一名女性死亡，直接经济损失约90万元。

该房主介绍，事发前燃气灶具、连接软管等均处于正常状态，未闻见异味，未发现燃气泄漏。7时30分左右，他使用燃气灶做了早餐，8时外出，只有女主人在家。由于1月气温乍暖还寒，室内门窗均未开启。10时家中就发生了爆炸。

◆ 受损情况

事故房屋建筑面积约47平方米，厨房面积约8平方米，户型为1室1厅1厨1卫。

客厅、卧室有不同程度过火痕迹，室内物品几乎全部烧毁，厨房、卧室窗户被炸飞，导致楼下5辆汽车受损；客厅屋顶、卫生间与客厅隔墙均发生明显放射状凹陷，左右邻居室内物品也遭受不同程度破坏。

◆ 原因分析

事故用户燃气管道由埋地管线出地面后引至1层室内，入室后依次上引至该户及顶层用户。

燃气表安装在厨房西南侧，为右进IC卡表，表具轻微过火，表面熏黑，表具前端控制阀门处于关闭状态。

厨房内燃气管道外观无明显损坏，燃气灶具前端阀门处于打开状态，燃气灶和油烟机掉落且受损变形；灶具左侧旋钮为开启状态，且无熄火保护装置；灶具连接管为普通橡胶软管，软管一端与灶具连接完好，但未加装卡箍；软管另一端与灶前阀后端的波纹气嘴未连接，呈现脱落状态，现场未发现易燃易爆物。

可认定应为燃气泄漏造成的室内爆炸事故。本起爆炸事故中存在两处可能的燃气泄漏：一处为燃气灶具左侧灶头，另一处为灶具连接管与波纹气嘴脱落后引发泄漏。

◆ 防范措施

（1）加强燃气设备设施的安全，使用燃气自闭阀、不锈钢波纹软管或

金属包覆软管和带熄火保护的燃气具。

（2）排除隐患，重点检查胶管两端无卡箍、胶管中间有接口和胶管破损等隐患，推动整改。

（3）检查燃气具连接软管是否合规、是否采用不锈钢波纹软管或金属包覆软管丝扣连接，从源头上避免橡胶软管带来的安全隐患。

（4）相关燃气管理部门可全面开展入户安检工作，通过主动电话联系、短信通知、上门复检三项主动措施提升安检入户率，并根据户外表、IC卡表、扩频远传表等表具表型特点采取关停、锁卡、限购等方式督促用户整改，提升对用户的安全管控能力。

案例2

◆ 事故背景

2014年11月10日，简某在某小区出租屋内使用天然气灶时，发生燃气爆炸并引发火灾事故，造成房屋内家具、电脑等物品被烧毁，简某被烧伤认定为六级伤残，直接经济损失近5万元。

简某状告燃气公司和房东，认为燃气公司安装的天然气胶管设备不符合安全标准，是造成事故的主要原因，房东作为房屋的所有者，未尽安全注意义务。最终，法院判定燃气公司和房东向原告简某支付赔偿金共计10.64万元。

◆ 原因分析

法院经审理认为，作为天然气供应方燃气公司在安装过程中未安装卡扣，导致后续使用过程中，连接天然气灶和天然气管道阀门之间的软管逐渐松动直至最终脱落，造成燃气泄漏，再遇到火花引起爆燃造成火灾。依据侵权责任法的相关规定，燃气公司应当承担侵权责任。

被告房东作为涉案房屋的所有人，利用该房屋从事出租经营活动，其行为本身能够获利，理应对其经营场所负有安全保障义务。房东在收取相应租金后，对房屋的租赁情况、房屋燃气安装情况未尽到合理义务，理应在其过错的范围内承担相应的责任。

◆ 防范措施

（1）依据《城镇燃气管理条例》第三十条，安装、改装、拆除户内燃气设施的，应当按照国家有关工程建设标准实施作业，个人切勿随意拆装燃气设施。

（2）燃气企业应该定期检查燃气管道，建议每3~6个月检查一次。

（3）瓶装液化石油气经营企业应将气瓶直接配送至用户，做到“逢送必检”，确保与气瓶连接的金属软管、调压器、灶具等无泄漏。

第三章

餐馆、食堂用气安全

第一节

餐馆、食堂燃气使用安全知识

餐馆、食堂是人员聚集场所，关系着更多人的人身安全和更大范围内的财产安全，因此，餐馆、食堂的用气安全尤为重要。

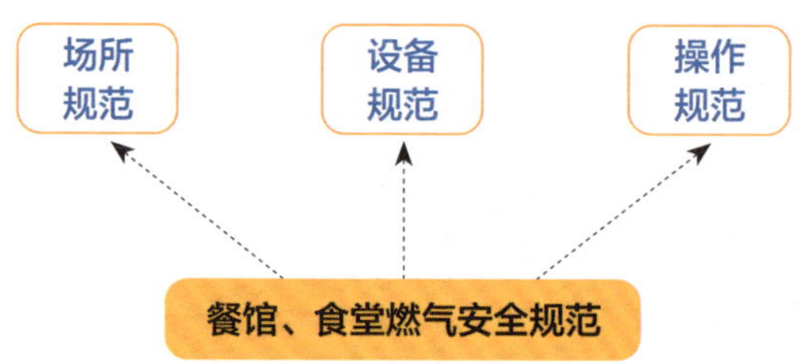

场所规范

根据室内餐饮场所瓶装液化气管理规定，餐馆、食堂存放的液化石油气瓶总重量超过100千克时，应当配备专用气瓶间。存瓶总重量小于420千克时，气瓶间可以设置在与用气建筑相邻的单层专用房间内。存瓶总重量大于420千克时，气瓶间应设置在与其他民用建筑间距不小于10米的独立单层建筑内。存放气瓶的房间严禁明火和堆放易燃易爆物品。

气瓶间不得设置于地下、半地下空间和通风不良场所；房间高度不低于2.2米；房间内无暖气沟、排水管、地漏及其他地下构筑物。气瓶间外部应该张贴明显的安全警示标识；应当安装燃气浓度检测报警装置，配备灭火装置；房间内应使用防爆电气设备，电器开关应放置在室外。

确保通风条件良好，安装满足通风需求的机械送排风设备，燃气具上方应安装有效排除燃烧烟气的设备。

设备规范

采用城市管道燃气供气方式的餐馆、食堂，燃气调压、计量、管道、阀门等设备应符合相关技术要求。

餐馆、食堂应当按照有关规定安装可燃气体浓度探测和报警装置，定期做好测试和记录，确保装置处于灵敏有效状态，按标准配备消防器材。

餐馆、食堂放置的液化气钢瓶必须采用单瓶形式与燃气燃烧器具连接，与燃气燃烧器具的水平净距不应小于0.5米。备用钢瓶应当分开放置或者用防火墙隔开。

燃气器具、气瓶、连接管及其他附件应符合现行国家标准的产品质量要求和产品技术要求，不得使用假冒伪劣产品。

使用燃气前后要检查燃气器具是否完好、燃气开关是否可靠，发现问题及时向具有相应资质的燃气燃烧器具安装维修企业报修或更换。

气瓶在有效使用期限内，检测标牌内容完整、清晰，不要使用无警示标签、无充装标识、过期或者报废的钢瓶。

液化气钢瓶减压器正常使用期限为5年，密封圈正常使用期限为3年，到期或发现有问题时应当立即更换并记录。

液化气钢瓶与燃气燃烧器具连接时，应当使用双头螺纹连接的不锈钢波纹管。不锈钢波纹管的长度不要超过2米，中间不得有接口，不得穿墙、穿楼板、穿顶棚、穿门窗。

供应多台燃气灶具时，应当采用硬管连接，并将用气设备固定。

可燃气体报警器

可燃气体报警器又称气体泄漏检测报警仪，当环境中可燃性气体发生泄漏且气体浓度达到报警阈值时，仪器就会发出声、光等报警信号，提醒相关人员采取安全措施。

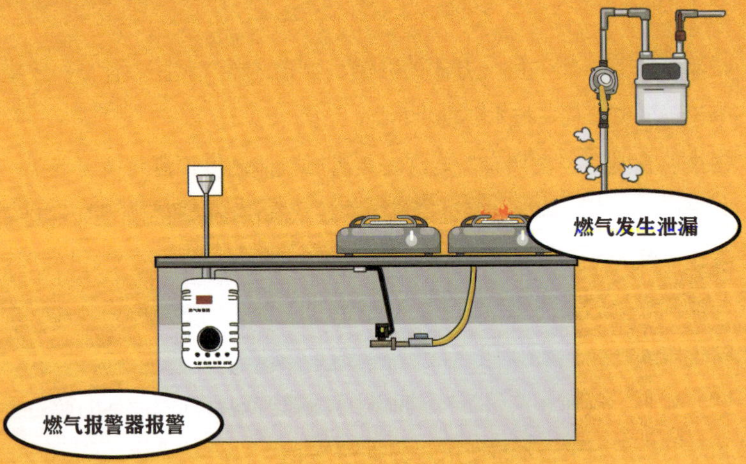

操作规范

◆ 认真做好点火前和用气后检查

每天营业前检查有无燃气泄漏，使用时保持空气流通，使用后关好燃气总阀。

每天营业结束后要由专人检查总阀门和灶具开关是否关闭，做到人走气断。

◆ 定期开展安全检查

日常检查的内容包括：

（1）气瓶、管道和燃气器具是否漏气，减压阀、密封圈是否正常。

（2）燃气使用场所是否保持通风良好。

（3）液化气钢瓶摆放位置是否符合安全要求，是否到检测周期。

（4）燃气管道和灶具连接管是否完好，连接是否稳固。

（5）消防器材是否按规范配置齐全且完好有效；消防通道是否畅通，安全警示标识是否醒目。

（6）可燃气体报警器是否在使用期限内（商业和工业企业使用的可燃气体报警器使用年限为3年），报警器是否完好有效。

（7）没有使用燃气时，总阀是否处于关闭状态。

◆ 正确处置燃气泄漏和着火

发现燃气泄漏（如闻到味道）时严禁点火，严禁开关任何电器，立即关闭总阀，打开窗户，疏散人员，到室外安全处再打电话报警。气瓶着火时，要用灭火器灭火或用湿的毛巾、衣物等捂盖，然后迅速关闭气瓶角阀。

餐馆、食堂使用“黑气”有哪些危害？

我们常说的“黑气”，是指一些没有燃气经营资质的单位或个人销售的瓶装液化石油气。这些“黑气”通常无法达到国家标准，存在重大安全隐患。

首先，钢瓶来源不明。这些经营单位或个人往往使用超过使用期限的报废钢瓶，随时可能发生燃气泄漏，引发燃爆。

其次，气源质量无法保证。“黑气”通常会掺杂二甲醚等物质，对燃气器具、钢瓶及配件的密封圈等极易造成腐蚀，缩短其使用寿命，进而造成事故。

再次，操作不够规范。安装人员未经过专业培训，安装不符合规范，使用的角阀、减压阀、胶管等配件不合格。

最后，“黑气”看起来便宜，实则常常缺斤短两，而且因为杂质多、热值低，充装周期很短。

最关键的是，“黑气”的经营单位或个人没有燃气经营资质，流动性大，一旦发生事故，无法追责和索赔。

第二节

餐馆、食堂燃气安全管理与培训

餐饮场所属于公共场所，一旦发生燃气泄漏，工作人员有组织、引导现场人员疏散的义务。

因此，平时餐饮场所一定要落实燃气安全使用管理责任，深刻认识燃气安全的重要性，居安思危，有备无患。

餐馆、食堂燃气安全管理

第一，建立健全安全用气责任制、用气操作规程等规章制度。

餐馆、食堂要制定燃气事故应急处置方案。制度、方案与燃气设施操作人员的名单一并在燃气使用场所公示。

第二，定期组织操作人员参加安全教育培训。

掌握燃气基本知识、防爆措施及应急处置常识，熟悉燃气设施和消防设施的使用方法，熟知有关安全规定和应急处置流程。

第三，指定专人负责燃气设备的日常安全检查并做好记录，确保设备安全运行。

当发现燃气泄漏时应立即采取应急处置措施，并向燃气供应企业和有关部门报告，主动接受燃气供应企业的入户安检和安全用气宣传指导，落实整改存在的安全隐患。

第四，餐饮场所燃气管路的设计、施工及燃气用具的安装应委托具有相应资质的单位进行。设计安装须满足国家相关技术规范的要求。

第五，选择持有合法有效《燃气经营许可证》《气瓶充装许可证》的燃气供应单位供应燃气。

餐馆、食堂燃气安全培训

安全教育培训是安全管理的重要环节，餐馆、食堂作为重要的责任主体，应该确保所有工作人员都掌握燃气安全常识和基本的防火知识。

管理人员应制订各级各类人员的安全教育培训计划，定期进行安全知识讲解与普及。

管理人员应该定期组织专项应急演练，确保燃气操作人员掌握必要的防火灭火知识和消防器材的使用方法，能正确使用消防器材扑灭初期火灾。

操作人员上岗前应该接受岗前燃气安全操作培训，掌握必要的安全知识及操作技能。

第三节 餐馆、食堂燃气事故预防与应急处理

操作间燃气泄漏怎么办?

餐馆、食堂燃气事故应急处理，主要包括以下几点。

（1）切断气源，断气断火。一旦发现燃气泄漏，应该立即关闭燃气阀门。如果燃气阀门附近有火焰，可以用湿毛巾、湿衣物包住手，迅速关闭阀门，然后用灭火器等扑打灭火。

（2）不要开关任何电器。所有的电器，常见的电灯、电扇、排气扇、抽油烟机、空调、电话、门铃、冰箱等，都可能产生微小的火花，引起爆炸。

（3）疏散人员。迅速疏散所有人员，阻止无关人员靠近。

（4）打开门窗，确保空气流通，以便燃气散发。

（5）报警求助。到达户外安全区域后，及时拨打燃气抢修电话或119火警电话。

户外管道设施燃气泄漏怎么办?

一旦发现调压箱、调压柜、地下燃气管道等燃气泄漏，应当立即关闭燃气用具、燃气阀门，切断气源，熄灭火种，疏散餐馆、食堂内所有人员，远离事发地点。及时到安全地带拨打燃气抢修电话或110、119报警。

燃气使用不当造成餐馆、食堂内人员中毒怎么办?

（1）轻微中毒。如果出现流鼻涕、眼泪，头昏，太阳穴发胀等症状，此时患者应当立即移动到室外，呼吸新鲜空气。

（2）中度中毒。如果出现四肢无力、呕吐、眼球胀痛、恶心、坐卧不安等症状，应当立即将患者送往医院救治。

（3）严重中毒。如果出现昏迷、呼吸困难、休克等症状，应当立即对患者进行简易抢救，如人工呼吸，然后马上送到医院抢救。

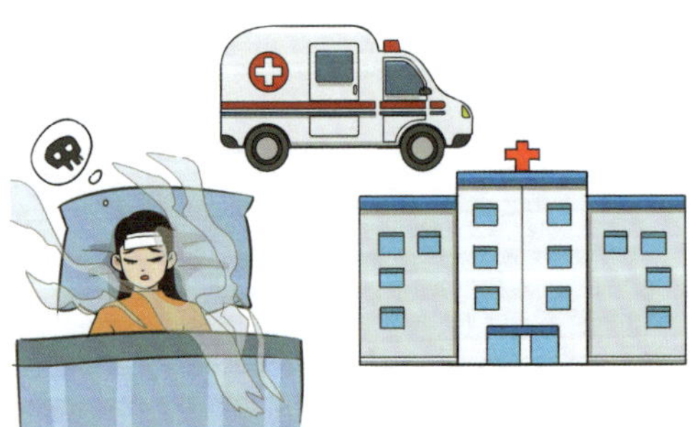

第四节

餐馆、食堂燃气事故案例分析

近年来，全国各地餐馆、食堂燃气爆炸事故高发，轻则造成物品损坏，重则店毁人亡，影响邻居商户和居民生命财产安全。

餐馆、食堂的燃气火灾、爆炸事故主要有以下四种原因：静电引起的火灾和爆炸，碰撞摩擦引起的火灾和爆炸，动火作业引起的火灾和爆炸，电气设备开关产生的电火花引起的火灾和爆炸。

案例1

2021年3月，山东省济南市历城区某快餐店发生一起液化石油气泄漏爆燃事故，造成3人受伤，直接经济损失约50万元。

◆ **事故原因分析**

该公司员工朱某开启液化气钢瓶角阀后，由于液化气钢瓶角阀与减压阀、软管连接不牢，导致大量液化气泄漏、积聚；朱某未能在第一时间对液化气泄漏采取合理措施，导致液化气与空气混合形成爆炸性气体，遇点火源发生爆燃。

案例2

2020年11月，湖南省岳阳市汨罗市某餐馆发生一起液化气罐泄漏燃爆事故，造成34人受伤，直接经济损失约760万元。

◆ **事故原因分析**

该餐馆使用气站提供的超期未检且已报废的气瓶，将其放置在易受阳光照射的玻璃门后，导致气瓶底座和罐体在阳光的曝晒下开裂，瓶中液化石油气泄漏，遇厨房明火发生燃爆。

案例3

2021年1月，浙江省绍兴市上虞区某小吃店因瓶装液化气泄漏爆燃，引发火灾，事故共造成3人死亡、1人受伤，直接经济损失约255万元。

◆ **事故原因分析**

店主在未关闭瓶阀状态下更换液化石油气钢瓶（该瓶无自闭阀），导致液化石油气泄漏，泄漏的气体遇距离1米处的明火后发生爆燃。

第四章 燃气设备维护与保养

第一节

常见燃气设备

常见的燃气设备包括燃气灶、热水器、燃气表、燃气专用连接软管、入户总阀门、燃气调压器、旋塞阀、喉箍等。

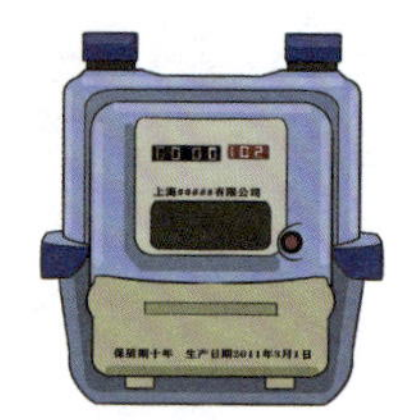

◆ 燃气表

也叫流量表，是用户用气量的计量装置。

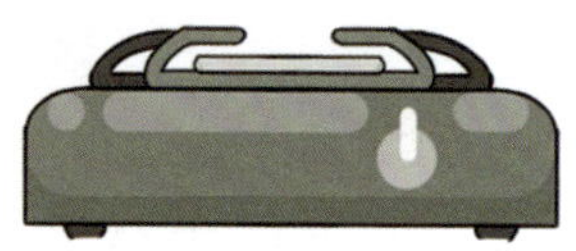

◆ 燃气灶

燃气灶是燃气用户家庭中最为常用的厨房设备之一。按照气源，主要分为天然气灶、煤气灶、液化石油气灶等。

◆ 燃气热水器

燃气热水器是常见的热水器类型之一，在家庭和商业场所中被广泛使用，能够快速提供大量的热水，满足洗澡、洗涤等日常需求。

◆ 燃气专用连接软管

用于连接旋塞阀与燃气具的专用管。根据2022年实施的《燃气工程项目规范》第6.1.7条规定，软管的使用年限不应低于燃具的判废年限，所以软管的使用寿命必须在8年或8年以上。推荐使用防虫咬鼠嗑、耐高温、耐老化的不锈钢波纹软管或金属包覆软管。

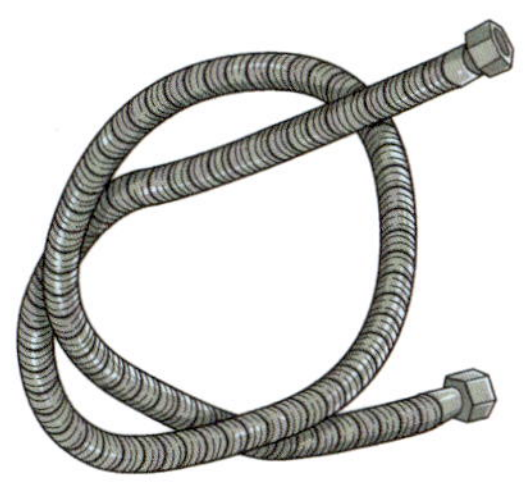

◆ 入户总阀门

又称表前阀或入户气源控制阀，用于控制用户燃气的连通和断开，长期外出或不用气时，要记得关闭。

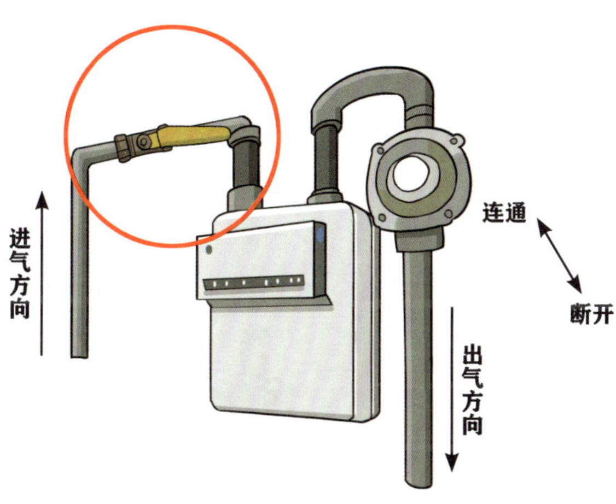

◆ 燃气调压器

俗称减压阀，也叫燃气调压阀。它的主要功能是自动改变经调压器的燃气流量，使出口燃气保持规定压力，所以不要随意改动或者拆除调压器。

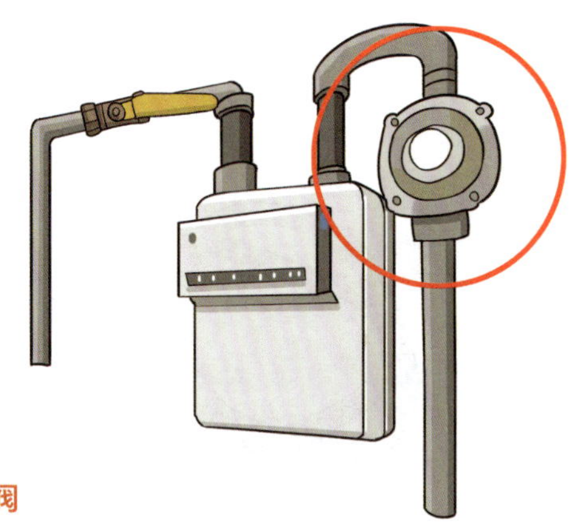

◆ 燃气旋塞阀

控制燃气流量的重要元件，主要用于调节燃气的流量和压力，是设置在户内管道和燃气具的连接软管之间的专用阀门。用完燃气后要记得关闭灶具开关和旋塞阀。

◆ 喉箍

又称燃气管卡或燃气卡箍，用于紧固燃气连接软管连接口的紧固件，当连接软管与燃气具和旋塞阀的连接口插紧后，通过锁紧喉箍，避免连接口处有燃气泄漏。

第二节

燃气灶具的使用与维护

如何给燃气灶具正确点火？

给燃气灶点火主要有两种方式：一是全自动电子点火，二是人工点火。

♦ 全自动电子点火

（1）打开灶前阀，先将旋钮向里压进，再将旋钮旋转到点火位置，电子点火装置会发出火花点燃燃气，实现自动点火。

（2）点火时开关要开到最大，再根据需要轻转旋钮调整火焰大小。

（3）如果连续三次点火失败，应停顿一会儿，待燃气消散后再重新点火。

（4）把旋钮旋转到竖直位置，即完成关火。

◆ 人工点火

（1）先点燃火源，将火源靠近燃烧器，慢慢开启燃气灶开关。

（2）一次没点着，立即关闭灶阀，重新点火，切记要“火等气”，不要“气等火”。

（3）熄火时先关闭灶前阀，等火熄灭以后再关闭燃气灶开关。

如何判断燃气灶点火功能是否正常?

（1）通气点火时，基本每次都能点燃，点燃率至少在80%。

（2）4秒内火焰应燃遍全部火孔。

（3）电子点火时，人体接触灶体的各金属部件时，无触电感。

（4）火焰均匀稳定，呈现青蓝色，没有黄火、红火现象。

哪些才是合格的燃气灶?

燃气灶是日常生活中最常用的燃气设备，燃气灶质量不合格，容易导致燃气事故发生。为了确保安全，应选用正规厂家生产的合格的燃气灶。

◆ 要带有熄火保护装置

合格的燃气灶都应该有两根针头，一个是点火针，一个是熄火保护装置针，这个熄火保护装置针即是熄火保护装置。

使用燃气灶时，如果液体外溢或风吹导致火焰熄灭时，熄火保护装置就会自动切断气源，避免燃气泄漏。

根据《家用燃气灶具（GB 16410—2020）》第5.3.1.9条规定："所有类型的灶具，每一个燃烧器均应设有熄火保护装置。"《燃气工程项目规范（GB 55009—2021）》第6.2.5条规定："商业燃具应设置熄火保护装置。"

◆ 不要私自加装防风聚火装置

防风聚火装置是指放置在燃气灶具燃烧器上部，用于改变燃烧环境的环形装置，俗称聚能环、防风圈、聚火罩等。私自加装使用燃气灶防风聚火装置，会阻碍空气流通，使氧气供给不足，造成燃气不完全燃烧而产生一氧化碳，不仅降低了热效率，更存在安全隐患。《燃气工程项目规范（GB 55009—2021）》第6.1.1条规定："家庭用户应选用低压燃具。不应私自在燃具上安装出厂产品以外的可能影响燃具性能的装置或附件。"

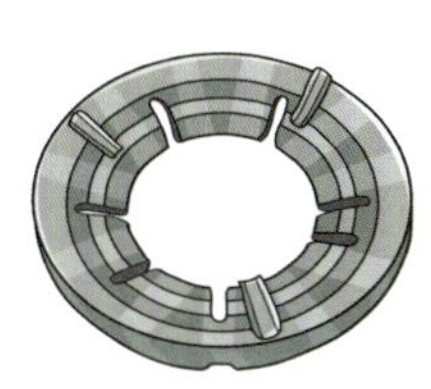

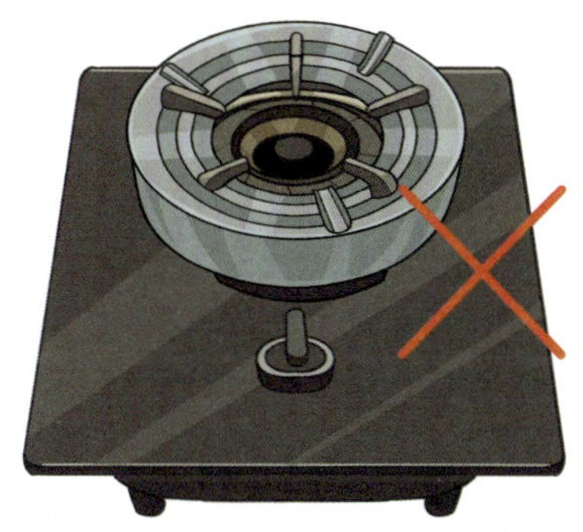

防风聚火装置

如何做好燃气灶的日常使用和保养?

◆ 定期清理燃气灶

燃气灶气孔、喷嘴和火盖容易被油污堵塞，影响燃气正常燃烧，因此，要定期清理，保证气孔、喷嘴和火盖的通畅。

◆ 检查维护燃气灶具

（1）燃气连接软管易老化、龟裂、折损，要定期检查使用中的软管有无磨损或损坏，及时更换。

（2）检查燃气灶的使用年限。应定期查看燃气灶的铭牌信息，检查灶具使用是否超过8年判废年限。

◆ 营造安全用气环境

（1）用气时保持室内通风良好，燃气燃烧会消耗室内氧气，避免因燃烧而使室内氧气不足。

（2）避免因强风直吹而引起不完全燃烧或者熄火等情况。

（3）酒精、花露水、杀虫剂等易燃物应远离灶台，避免发生闪燃事故。

（4）做饭时，不要将手机、平板电脑等电子产品靠近燃气灶，电子产品中的锂电池在过热情况下会发生爆炸。

（5）使用面粉时需远离燃气灶，空气中的粉尘含量达到一定浓度的时候，遇到灶台上的明火就会发生爆炸。

第三节 燃气表与阀门的使用与维护

燃气表是用户用气量的计量装置，也是户内燃气设施的重要环节。

燃气表基础知识

◆ 燃气表的分类

常见燃气表分为机械膜式燃气表、IC卡智能燃气表、远传膜式燃气表（物联网表）。

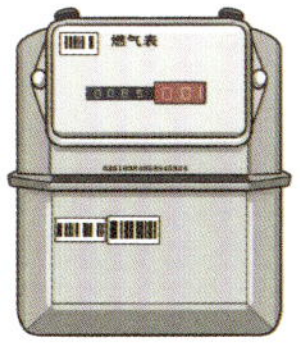

机械膜式燃气表

IC卡智能燃气表

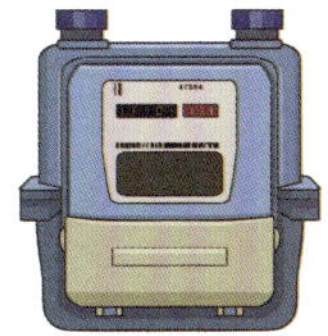

远传膜式燃气表（物联网表）

机械膜式燃气表：家用燃气表中最基础的款式，它通过机械滚轮对燃气用量进行计数，需要燃气公司工作人员上门抄表才能结算燃气费。

IC卡智能燃气表：增加了电子屏和插卡区域，采用预付费模式，需要客户先购气再使用。当剩余气量低于设定值时，显示屏会提醒购气。当剩余电量低于设定值时，需要给燃气表及时更换电池。

远传膜式燃气表（物联网表）：让人们足不出户便可完成燃气充值缴

费，这种具备通信远传功能的燃气表，借助物联网技术自动采集数据，从而实现了远程抄表、计费、充值、阀控等功能。

◆ 如何选用燃气表?

（1）燃气表须选用经国家主管部门认可的检测机构检测，且符合有关计量法规要求的合格产品，随产品应有合格证、质量保证书及质保期；标牌上应有“CMC”标志、适用燃气分类、最大流量、生产日期、编号和制造单位等产品信息。

（2）燃气表的性能、规格、适用压力等，要根据各类燃气计量特点、使用条件等因素进行选用。

（3）燃气表的准确度是衡量其性能的主要指标，在选用燃气表时，应选择准确度较高的产品，以确保计量的可靠性和公正性。

（4）在选择燃气表时，应了解厂家的信誉和售后服务政策，以便在使用过程中出现问题时能够得到及时解决。

（5）用户在选择燃气表时，可以选择带有数据记录、报警提示等智能化功能的燃气表，这些功能可以帮助用户科学用气，提高使用效率。

◆ 如何科学安装燃气表?

燃气表是燃气计量工具，也是用户家中重要的燃气设备之一。燃气表安装是一项专业的工作，应由燃气公司专业人员进行。

（1）燃气表应安装在通风条件良好，便于读数、观察和检修的地方，避免安装在高温、潮湿、有电气设备或存放易燃易爆物品的地方。

（2）燃气表安装应横平竖直，燃气表和燃气灶的水平净距不能小于30厘米，以确保安全。

（3）燃气表的进口和出口应设有阀门，安装时应分清进气、出气方向，避免装反。

（4）安装完成后应检查气密性，确保燃气表没有泄漏。

（5）在点火前，应排空燃气表和管道内的空气，防止出现爆燃等危险

情况。

如何安全使用燃气表？

◆ 注意防水，保持通风

燃气表是不防水的，表内一旦进水可能导致零部件损坏影响计量，甚至有发生漏气的危险。因此，燃气表的周围环境应该保持通风干燥。

◆ 定期检查

定期检查燃气表电池是否完好，检查是否有电池漏液或零件损坏等情况，一旦发现，切勿自行拆卸，通知燃气公司专业人员上门处理。建议用户最少每两个月检查一次，电池每半年更换一次。

◆ 安全检查

检查时不得使用明火，不得敲打燃气表。如果家中长期无人，需关闭表前阀门。如果怀疑燃气表计量有问题，应及时向燃气公司反映，切勿擅自拆装。

◆ 勿悬挂物品

燃气表没有承重功能，切勿在表上或者管道连接处悬挂物品，否则容易引起接头松动。

燃气表的具体使用方法

◆ 机械膜式燃气表的使用

1.检查

使用前要检查燃气表是否安装正确，连接管道是否正常，燃气是否正常供应，阀门是否处于开启状态等，确保燃气表工作正常。

2.读数

使用时要检查燃气表的读数，记录上次读数和本次读数之差，以确定燃气使用量。在燃气表读数不变或者急剧跳变时，应及时联系燃气公司专业人员处理。

3.维护和保养

机械膜式燃气表长期使用会形成污渍，可以用湿巾加洗洁精轻轻擦拭，切忌用水直接冲刷。对燃气表进行保养时，要检查燃气表与管路的连接处是否出现裂口、渗漏等情形，避免安全事故的发生。

◆ IC卡智能燃气表的使用

1.换电池

磁卡背面带有芯片，必须在燃气表电池盒里按说明书要求安装电池，安装成功后会听见“咔咔”声，提示已开阀，可正常使用；使用中，燃气表上也会出现电池电量低的信息，提醒更换电池。

2.充值

使用过程中，当听到“嘀嘀嘀”的长鸣声时，提醒气量不足，需要到营业厅充值。充值之后要根据燃气表提示把磁卡插入燃气表，听到发出“嘀嘀”声，即可把磁卡里的燃气量导入燃气表，它会提示充值成功，并显示剩余的气量。充值完成之后把磁卡取下，并保管好。

3.查询

如果平时想查询剩余气量，将磁卡插入卡槽，燃气表上就会显示剩余气量。

◆ 远传膜式燃气表的使用

1.换电池

（1）准备好新电池。

（2）取下旧电池并等待10秒钟。

（3）按正、负极符号的提示正确放置电池。

（4）短按启动键。

2.充值

（1）确认电池电量充足。

（2）互联网线上充值。

（3）长按燃气表启动键5~10秒后松开。

（4）等待通信1~2分钟即可充值成功。

3.燃气表重启

长按红色按钮（2~3秒）后，燃气表液晶屏幕亮起时松手，待燃气表重启完毕，再短按一次红色按钮，此时完成重启开阀操作。

如何正确安装和使用燃气表后管道阀?

燃气表后管道阀又称末端阀门、灶前阀、火嘴，安装使用要求如下：

（1）不得安装在隐蔽处。

（2）用气完毕后关闭灶具旋塞阀（灶具开关）时，也应关闭表后管道阀。

（3）与管道阀连接处的软管应采用压紧螺帽（锁母）或管卡（喉箍）固定。

（4）在燃气使用过程中出现无气无火状态时，应立即同时关闭表后管道阀和灶具旋塞阀（灶具开关），并及时拨打燃气公司专用电话，由专业人员进行维修，不要自行处理。

（5）如燃气表后管道阀是双火嘴，而只使用一个火嘴与灶具胶管连接时，另一火嘴除关闭外还必须采取安全措施，以免误操作发生燃气漏气事故。最好的办法是将双火嘴换成单火嘴。

如何正确使用燃气自闭阀?

燃气自闭阀又称自闭阀，是与报警器相连接的切断阀，是一种自动

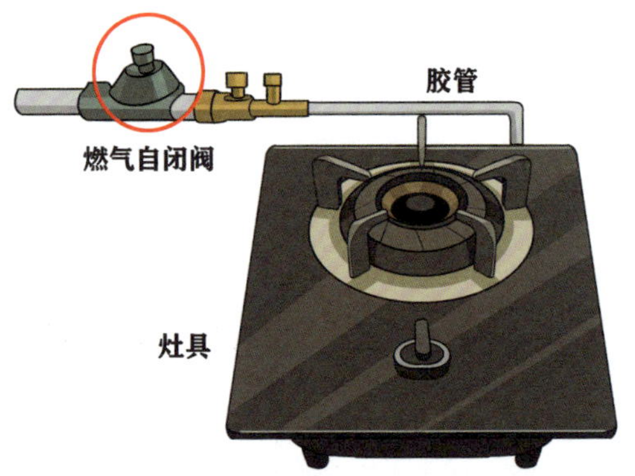

燃气自闭阀（自闭阀）

保护装置。自闭阀能对管道内的燃气参数长期自动监测，有效预防燃气事故，通常安装在户内燃气表后面，位于燃气管道与灶具连接管之间。《燃气工程项目规范（GB 55009—2021）》第6.1.9条规定："家庭用户管道应设置当管道压力低于限定值或连接灶具管道的流量高于限定值时，能够切断向灶具供气的安全装置；设置位置应根据安全装置的性能要求确定。"

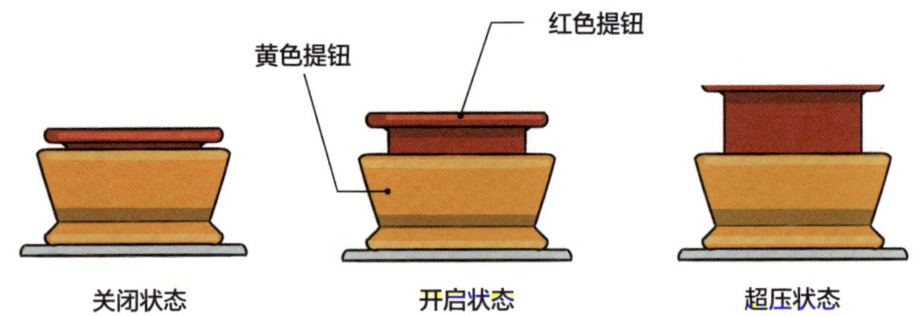

超压自动关闭。当燃气调压设备发生故障，燃气压力超过正常供气压力时，自闭阀能自动切断气源，起到提前发现安全隐患，阻止事故发生的作用。

过流自动关闭。如果家中的燃气连接管老化破损、被老鼠咬断或者脱落，发生燃气泄漏时，自闭阀可以自动切断气源，保证用气安全。

欠压自动关闭。当管道损坏，进行维修抢险施工作业时，燃气压力过

低，无法正常使用，此时的自闭阀也会自动切断气源，防止燃气泄漏。

◆ 燃气自闭阀无法拉起怎么办？

查电源。自闭阀通常是电动的，所以首先要检查电源是否正常。

查电机。如果电源供应正常，但自闭阀仍然无法拉起，那么可能是电机出现了故障。可以尝试清理自闭阀的机械部件中的异物，然后尝试拉起自闭阀。

查管道压力。如果电机正常工作，但自闭阀仍然无法拉起，则可能是由于管道压力过高而导致的。在这种情况下，应联系专业人员对燃气管道进行检查、处理。

定期维护。为了避免自闭阀出现故障，应定期检查自闭阀的机械部件是否正常工作，清理杂物或堵塞物，以确保自闭阀的安全和正常运行。

◆ 如何通过燃气自闭阀检查是否漏气？

（1）关闭表前阀门；

（2）打开燃气自闭阀；

（3）观察自闭阀按钮是否关闭。

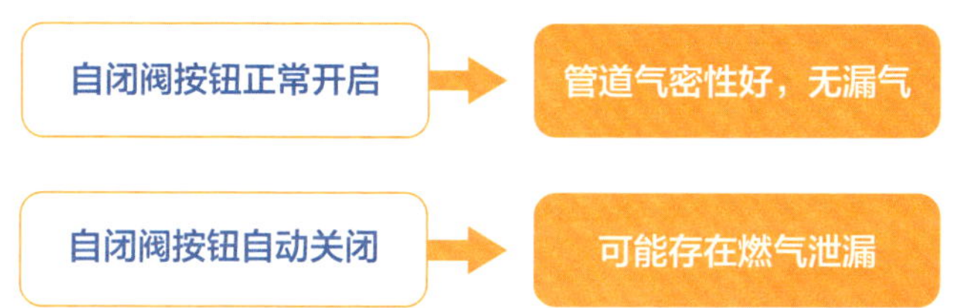

即使家中安装了自闭阀，也不能掉以轻心。日常用气时要注意保持室内通风，时常进行安全检查。当家中长时间无人居住时，应关闭表前阀门。

第四节

燃气软管的使用与维护

如何选择燃气软管？

燃气软管是连接户内燃气管道与灶具的通道，相比于燃气灶、燃气热水器等燃气具，燃气软管出现安全隐患时，往往更加隐蔽和危险。

2022年1月1日正式实施的国家标准《燃气工程项目规范（GB 55009—2021）》要求，家庭用户管道或液化石油气钢瓶调压器，与燃具之间应采用专用燃具连接软管，非专用燃具连接软管极易引发安全事故。

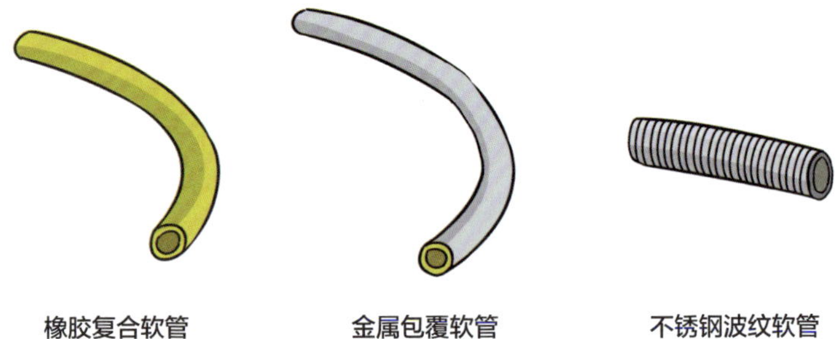

符合国家标准的燃气软管主要包括橡胶复合软管、金属包覆软管和不锈钢波纹软管。

橡胶复合软管的使用年限通常为2年，且存在易被老鼠啃咬、不耐高温、不方便固定等问题，发生燃气泄漏的概率较高。

金属包覆软管和不锈钢波纹软管的使用寿命为8年，耐高温、耐腐蚀、防虫咬鼠嗑，因此整体安全性更强。

如何正确使用燃气软管?

燃气软管应通过正规渠道购买，由专业人员安装后方可使用。使用时要注意以下几点：

（1）使用燃气软管与家中用气设备连接时，长度不应超过2米且不应有接口，不得有三通。

（2）燃气软管应避免靠近灶台、炉面，以免被高温炙烤，影响燃气软管使用寿命，甚至引发燃气泄漏。

（3）禁止折、压软管，以免造成阻塞，影响正常供气。

（4）燃气软管与用气设备管道的接口处，应采用压紧螺帽或管卡固定。

（5）燃气软管不能存在穿门、穿墙、穿窗的现象。在墙中的软管容易因摩擦而导致破损和漏气，不便于日常检查，也会给家中带来极大的安全隐患。

如何做好燃气软管的日常维护?

（1）建议选用符合国家标准的金属连接软管。

（2）不能用其他水用、医用等非专用连接管代替燃气专用软管。

（3）至少每半年检查一次连接部位是否漏气。

（4）至少每半年检查一次燃气软管是否存在老化、破损、接口处松动、脱落等情况。

（5）如果燃气软管达到使用年限，即使外观完好无损也要更换。超期使用可能导致软管硬化、破损、弯折，存在安全隐患。

第五节 燃气设备常见故障及排除方法

燃气灶常见故障及排除方法

◆ 燃气灶打不着火怎么办?

（1）检查燃气是否有余量，余量不足时及时充值。

（2）检查燃气灶具的电池是否有电。

（3）检查点火针是否被污染。燃气灶放置久了，点火针容易被油污弄脏，可用干软毛巾清洁点火针上的油垢，然后再尝试点火。

♦ 燃气灶点火后松手就灭怎么办?

（1）检查燃气灶的电池是否有电。如果观察到点火时电火花微弱，则应当更换电池。

（2）检查燃气灶的点火针位置是否出现偏移。如果点火针位置偏移严重就会造成燃气灶无法正常点火。

（3）检查点火针是否保持清洁。点火针容易积聚油污或积炭，造成无法正常点火，应将点火针清洁干净后再尝试点火。

（4）检查燃气管道或火盖小孔是否堵塞。如果能够闻到煤气味却无法点着火，那么应当疏通燃气管道，或尝试清洁火盖小孔后重新点火。

（5）检查燃气灶开关是否损坏或破裂。如果发现开关故障，应当请专业人员进行修理。

♦ 燃气灶出现黄焰

燃气灶出现黄焰通常是由于燃烧不完全导致的，不仅容易熏黑锅底，还可能产生一氧化碳等有害气体，造成安全隐患。

（1）保持室内空气流通，促进燃气充分燃烧。

（2）调节燃气灶底部的风门，增大进风口，直至火焰变成蓝色。

（3）检查出火口是否存在堵塞现象，及时进行疏通清理。

（4）燃气压力过低也会导致火焰变黄，此时应联系专业人员检查供气系统是否正常，确保燃气压力稳定。

♦ 燃气灶出现回火

火焰缩回到火孔内部，伴有“噗”的爆鸣声即为回火，回火容易烧坏燃烧器，甚至可能导致火灾或其他安全问题。燃气灶回火可采取以下措施：

（1）立即关闭燃气开关。

（2）如果是由于烹饪锅压火，使炉头温度过高引起回火，应该设法垫高烹饪锅。

（3）如果是喷嘴堵塞，使燃气流量减少引起回火，应清洗喷嘴。

（4）如果是风吹引起回火，应该设置防风圈。

（5）如果是炉头与火盖配合不好，留有较长缝隙而引起回火，应该调整炉头与火盖的位置。

◆ 离焰和脱火

火焰根部离开火孔飘在火盖上，就叫离焰；火焰完全脱离火孔，即为脱火。燃气灶在使用过程中出现离焰、脱火现象，既影响烹饪效果又存在一定的安全隐患。出现这种情况可采取以下方法：

（1）发现燃气灶出现离焰或脱火现象，应立即关闭燃气灶，待问题解决后再继续使用，避免燃气泄漏带来的安全隐患。

（2）如果是风门调节不当引起的离焰或脱火，可调节燃气灶底部的风门大小，直至火焰呈现稳定的蓝色，无黄焰或红焰现象。

（3）如果是火孔堵塞引起的离焰或脱火，应取下燃烧器，用细钢丝或专用清洁刷清理火孔内的污垢，确保火孔畅通。

（4）如果是供气压力不稳引起的离焰或脱火，应联系燃气公司专业人员检查供气压力，确保其处于燃气灶适用的压力范围之内。

燃气表常见故障及排除方法

燃气表是家庭燃气设备的重要组成部分，燃气表异常不仅影响正常使用，更可能潜藏安全隐患。面对此类问题时，用户应保持冷静，遵循科学的排查顺序，优先处理能够自行解决的问题，如更换电池等。对于专业的技术问题，应及时与燃气公司联系，请专业人员处理，不要擅自拆解燃气表。

◆ 燃气表液晶屏无显示、欠压或显示换电池

这是由于表上的电池电量不足导致的。此时，需要更换新的电池（一般为5号碱性电池），然后长按燃气表正面的按钮直到发出长鸣声后松开，

等待通信完成即可正常使用。如果是带IC卡的燃气表，更换完新电池之后还需要重新正确插卡才能恢复使用。

◆ 燃气表显示阀门关闭或余额不足

这表示账户中的剩余金额不足以支付当前的用气量。用户需要充值后才能继续使用。对于IC卡智能燃气表用户，充值完成后也需要重新正确插卡才能恢复使用。

◆ 燃气表不过气或无法读卡

可能是由于管道堵塞、泄漏等原因造成的气量不足，需要检查并维修管道；也可能是因为燃气表的读卡器有故障，可以尝试清洁芯片或更换新卡来解决。如果以上方法无法解决，应联系燃气公司维修人员处理。

◆ 表头漏气

通常是由于密封不良或螺纹松动等原因引起的。用户可以检查并及时紧固松动的部分，同时清理周围的杂物以保持清洁。如果情况严重或存在其他安全问题，应立即关闭气源总开关并联系专业人员进行检修。

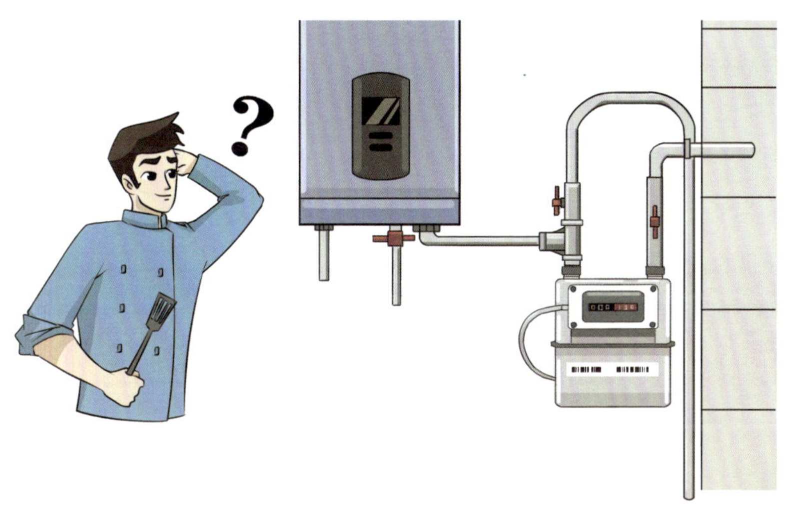

如何做到节约用气?

（1）选择燃气灶时，注意能效等级标识，尽量选择能效等级高的燃气灶，既能节约能源也能节省不必要的开支。

（2）调节风门，保证充足的氧气供给，如果通风不足，会导致燃气燃烧不充分，造成浪费。

（3）在点火前，应首先做好炊事准备，洗好菜、淘好米，点火后把火焰调到最佳。一般来说，爆炒用大火力，可以开大旋塞阀；需要小火时可关小旋塞阀。但需注意的是，需要大火时也不应太大，火太大火焰与锅底接触时间很短，大量的热量未被利用就瞬间散失，就有近一半的热量被白白浪费。

（4）使用平底锅时，火焰的大小以不超过锅底面积为宜。锅的受热面积大有利于热量吸收，对发热、吸热、传热有利。

（5）烧汤或炖煮食物时，可以先用大火将水烧开，然后改用小火，保持锅内的水沸腾，不溢出即可。在使用燃气时，要根据烹饪对大小火的要求勤调节，不用时要及时熄灭。

（6）烧煮食物时，偶尔会有烧煮的食物流出落入到燃烧器的火孔内将火孔堵塞，使燃气与空气混合气流出受堵，火焰小而无力，此时可将燃烧器卸下，清理被堵塞的火孔并刷洗干净。